GUÍA DE RECONOCIMIENTO DE ROCAS EN INGENIERÍA CIVIL

GUÍA DE RECONOCIMIENTO DE ROCAS
EN INGENIERÍA CIVIL

Félix Escolano Sánchez

Alberto Mazariegos de la Serna

Escuela Técnica Superior de Ingeniería Civil

Universidad Politécnica de Madrid

COLEGIO DE INGENIEROS DE
CAMINOS, CANALES Y PUERTOS

GUÍA DE RECONOCIMIENTO DE ROCAS EN INGENIERÍA CIVIL

Félix Escolano Sánchez, Alberto Mazariegos de la Serna
ISBN: 978-84-1622-810-2
IBERGARCETA PUBLICACIONES, S.L., Madrid, 2014
Edición: 1ª
Nº de páginas: 326
Formato: 17×24 cm.
Materia IBIC: RBG. Geología y la litosfera

GUÍA DE RECONOCIMIENTO DE ROCAS EN INGENIERÍA CIVIL
ISBN: **978-84-1622-810-2**

© Félix Escolano Sánchez, Alberto Mazariegos de la Serna

COPYRIGHT © 2014 IBERGARCETA PUBLICACIONES, S.L.

© COLEGIO DE INGENIEROS DE CAMINOS, CANALES Y PUERTOS.

ISBN (Colegio de Ingenieros de Caminos, Canales y Puertos): 978-84-380-0477-7

Depósito legal: M-28164-2014.

Foto de cubierta: colada basáltica columnar, Barranco de las Angustias. Isla de la Palma, España (*cortesía de A. Mazariegos*).

Edición: 1ª.
Impresión: 2ª.
OI: 0222/2020
Impresión: Producciones Digitales Pulmen, S.L.L.

IMPRESO EN ESPAÑA-*PRINTED IN SPAIN*
Nota sobre enlaces a páginas web ajenas: Este libro puede incluir referencias a sitios web gestionados por terceros y ajenos a IBERGARCETA PUBLICACIONES, SL, que se incluyen sólo con finalidad informativa. IBERGARCETA PUBLICACIONES, SL, no asume ningún tipo de responsabilidad por los daños y perjuicios derivados del uso de los datos personales que pueda hacer un tercero encargado del mantenimiento de las páginas web ajenas a IBERGARCETA PUBLICACIONES, SL, y del funcionamiento, accesibilidad y mantenimiento de los sitios web no gestionados por IBERGARCETA PUBLICACIONES, SL, directamente. Las referencias se proporcionan en el estado en que se encuentran en el momento de publicación sin garantías expresas o implícitas, sobre la información que se proporcione en ellas.

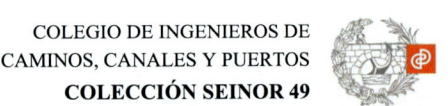

COLEGIO DE INGENIEROS DE
CAMINOS, CANALES Y PUERTOS
COLECCIÓN SEINOR 49

CONTENIDO

Esta guía responde a la necesidad de disponer de un texto de divulgación que sea de utilidad, fundamentalmente, para estudiantes y profesionales que se inician, o con experiencia, en ingeniería civil y se realiza con el fin de unificar criterios de clasificación para conseguir la normalización de las descripciones prácticas de las rocas más utilizadas en ingeniería civil.

La guía se ha estructurado en tres partes. En la primera se definen los conceptos generales, esenciales para la clasificación de las rocas, en los que se fijan los criterios necesarios para la descripción geomecánica de macizos rocosos.

La segunda recoge, para cada muestra de roca reconocida, una descripción general, en la que se definen sus componentes mineralógicos, textura y ambiente genético, así como una serie de observaciones fundamentadas en su aplicación en la ingeniería civil. Esta descripción se registra, para cada muestra de roca, en una ficha específica.

En la tercera parte se describen algunos afloramientos de macizos rocosos en los que se recogen y detallan los parámetros más representativos de cara a su clasificación geomecánica y caracterización. Estos afloramientos se recogen, para cada ejemplo de macizo rocoso tratado, en una ficha especifica.

También incluye un glosario de términos utilizados en la descripción de los reconocimientos de rocas y afloramientos.

Esta guía ha sido realizada por Alberto Mazariegos de la Serna y Félix Escolano Sánchez, profesores titulares de Ingeniería del Terreno de la Escuela Técnica Superior de Ingeniería Civil de la Universidad Politécnica de Madrid.

AGRADECIMIENTOS

Los ejemplares que aparecen en esta guía provienen de la colección del Laboratorio de Geología de la Escuela Técnica Superior de Ingeniería Civil de la Universidad Politécnica de Madrid (UPM) y del fondo documental del Instituto Geológico y Minero de España (IGME), al cual agradecemos su inestimable aportación.

Para su elaboración, se ha consultado a técnicos de empresas de ingeniería, especializadas en la realización de reconocimientos geológicos y estudios geotécnicos, que han aportado su experiencia para establecer los criterios prácticos de clasificación de macizos rocosos.

Nuestro agradecimiento a Luís Carlos Antón López y a Fernando Gómez Sánchez por la realización de las fotografías de la colección de rocas del Laboratorio de Geología de la Escuela Técnica Superior de Ingeniería Civil de la Universidad Politécnica de Madrid.

Con esta filosofía de participación, quedan perfectamente reflejados los objetivos de esta *Guía de reconocimiento de rocas en ingeniería civil*.

Los autores
Madrid, junio 2014

PARTE I. CONCEPTOS GENERALES

1. INTRODUCCIÓN

El objetivo de esta guía ha sido elaborar un texto de apoyo para estudiantes y profesionales que se inician o trabajan en ingeniería civil, con el fin de que sean capaces de reconocer las rocas más abundantes de la corteza terrestre y por ello las más utilizadas en el desarrollo de su actividad profesional.

Se ha sintetizado el lenguaje científico, empleando una terminología asequible, simplificado los términos utilizados en Mineralogía y Petrología para describir las rocas.

Lo esencial de la guía no reside solo en la definición de los conceptos esenciales para la clasificación de las rocas, sino en las 113 descripciones ilustradas, "fichas", de cada muestra de roca reconocida, 88 fichas de rocas y 25 fichas de afloramientos de macizos rocosos. Cada una de ellas presenta un texto descriptivo, forzosamente somero, completado con reflexiones, anécdotas y curiosidades a fin de tener una visión global de cada grupo petrológico.

En este sentido es mucho más enriquecedor descubrir las rocas con el aspecto que tienen en los ejemplares de colección y ver estas mismas rocas cuando han sufrido diferentes grados de alteración, o se encuentran en afloramientos o en testigos procedentes de sondeos. Son estos estados, afloramientos y testigos de sondeos, los que el ingeniero, a lo largo de su actividad profesional, verá con mayor asiduidad.

2. CRITERIOS DE CLASIFICACIÓN DE LAS ROCAS

Las rocas se pueden clasificar atendiendo a su origen, composición química y mineralógica, textura y estructura, entre otros criterios. El criterio de clasificación más usado y el que se ha seguido en esta guía es el de su origen o génesis, es decir, el mecanismo de su formación.

De acuerdo con este criterio las rocas se clasifican en:

- **Ígneas**: formadas directamente por cristalización o solidificación del magma (ácido o básico).
- **Metamórficas**: formadas a partir de otras rocas preexistentes sometidas a procesos complejos de presión y temperatura.
- **Sedimentarias**: formadas a partir de rocas preexistentes por procesos de alteración, disgregación, erosión, transporte y sedimentación, o precipitación química.

La distribución de estas rocas en la corteza terrestre, en función de su volumen y superficie, sería, aproximadamente, la siguiente:

— **Volumen**: ígneas + metamórficas = 95% de la corteza terrestre
sedimentarias = 5% restante

— **Superficie**: ígneas + metamórficas = 25% de los afloramientos
sedimentarias = 75% restante

Una **roca** se define como un agregado cristalino heterogéneo de más de una especie mineral, que presenta los mismos caracteres de conjunto en un área de cierta extensión de la corteza terrestre. Por tanto, la condición necesaria para la correcta identificación y clasificación de una roca será la identificación de las especies mineralógicas presentes.

Frecuentemente este primer paso no es suficiente, por lo que será precisa la determinación de la relación existente entre los minerales, tanto desde el punto de vista cuantitativo (minerales esenciales, accesorios y accidentales), como en las relaciones espaciales y de los contactos entre ellos (textura).

El siguiente paso será la determinación de la estructura, es decir, el conjunto de características y propiedades de una roca a escala de un macizo rocoso, que puede estar afectado por un cierto grado de meteorización y por una serie de discontinuidades.

Llegado a este punto, es fácil comprender que para poder determinar el grado de meteorización de una roca se necesitaría algo más que una muestra de mano, lo que obliga a que el siguiente paso sea el de discernir si la muestra se presenta sana o alterada a nivel de macizo rocoso (afloramiento).

3. ROCAS ÍGNEAS

Las **rocas ígneas** son el producto final del proceso de solidificación, por enfriamiento, de un magma (fundido de silicatos) de materiales procedentes del manto superior, de la corteza continental subducida o de la corteza inferior.

Están conformadas por materiales cristalinos o vítreos (amorfos) y son siempre de origen interno. Es por ello que también se las reconoce con el término de **rocas endógenas**. Durante el proceso de enfriamiento, se van cristalizando y separando los minerales, en función, tanto de las condiciones en el que el magma se enfría, como de la composición inicial del mismo.

Llegado a este punto se debe de pensar que, por lo general, los minerales no aparecen de modo simultáneo; por el contrario, se van cristalizando sucesivamente en una secuencia bastante constante, que según el petrólogo Rosenbusch obedecería al siguiente orden:

a) Primero cristalizarían los minerales accesorios (como la esfena, el apatito, el rutilo, etc.), y los compuestos ricos en hierro (como la magnetita y la pirita).

b) Posteriormente cristalizarían los silicatos ferromagnesianos (como los piroxenos, los anfíboles y la mica biotita).

c) Seguidamente cristalizarían los silicatos alcalinos y los alcalinotérreos (como la mica moscovita, los feldespatos y los feldespatoides).

d) Por último, cristalizaría el cuarzo.

En conjunto, las rocas ígneas representan, con las rocas metamórficas, el 95%, en volumen, de la parte más superficial de la corteza terrestre; de ahí su importancia para su estudio e identificación como las más comunes.

3.1. Clasificación de las rocas ígneas

Para la clasificación de las rocas ígneas se ha seguido el criterio de la escuela alemana. Esta escuela fundamenta su clasificación en el origen y en las condiciones de formación de las rocas. Se describen tres grupos (Tabla 1):

Tabla 1. Clasificación de las Rocas Ígneas según su origen

Rocas ígneas	Endógenas o intrusivas	Plutónicas
		Filonianas
	Exógenas o efusivas	Volcánicas

- **Rocas plutónicas, endógenas o intrusivas.** Son aquellas que se consolidan en profundidad en el interior de la corteza terrestre, en grandes masas, donde el enfriamiento y por tanto, los procesos de cristalización son lentos.

- **Rocas filonianas, endógenas o intrusivas.** Son aquellas que en su movimiento de ascensión a la superficie aprovechan las grietas existentes en la corteza terrestre y en ellas se enfrían y cristalizan.

- **Rocas volcánicas, exógenas o efusivas.** Son aquellas que se enfrían rápidamente al salir al exterior de la corteza terrestre a través de fisuras y edificios volcánicos.

3.2. Composición química y mineralógica de las rocas ígneas

Las rocas ígneas se han formado por cristalización o solidificación del magma, ácido, con sílice (SiO_2), o básico, sin sílice (SiO_2), debido a su enfriamiento. En consecuencia con este criterio, una posible clasificación química de estas rocas, en función del porcentaje presente de este mineral, sería la siguiente:

- Rocas ácidas $\quad\quad\quad\quad > 65\%$ de SiO_2
- Rocas neutras $\quad\quad\quad\quad 65 - 52\%$ de SiO_2
- Rocas básicas $\quad\quad\quad\quad 52 - 10\%$ de SiO_2
- Rocas ultrabásicas $\quad\quad\quad < 10\%$ de SiO_2

La presencia o ausencia de determinados minerales en las rocas ígneas, denominados **minerales cardinales**, permite establecer una clasificación mineralógica basada en estos minerales (Figura 1).

Figura 1. Minerales cardinales

El porcentaje de estos minerales presentes o ausentes en las rocas ígneas, permite establecer una clasificación más completa (Tabla 2).

Tabla 2. Clasificación mineralógica de las rocas ígneas

CLASIFICACIÓN MINERALÓGICA DE LAS ROCAS ÍGNEAS						
	FK > 90%	90% > FK > 60%	60% > FK > 40%	40 > FK > 10%	FK > 10%	Feldespatos < 10%
Cuarzo > 10%	**Granitos alcalinos Granitos peralcalinos** _Riolitas alcalinas Riolitas peralcalinas_	**Granitos calcoalcalinos** _Riolitas calcoalcalinas_	**Adamellitas (Cuarzo monzonita)** _Deillita (Riodacita)_	**Granodioritas** _Riodacitas_	**Tonalitas (Dioritas cuarcíferas)** _Dacitas_	
Sin cuarzo feldespatoides < 10%	**Sienitas alcalinas Sienitas peralcalinas** _Traquitas alcalinas Traquitas peralcalinas_	**Sienitas calcoalcalinas** _Traquitas calcoalcalinas_	**Monzonitas** _Latitas_	**Mangeritas** _Doleritas_	**Diorita, Gabro, Diabasa** **Thelaritas**	Rocas ultramáficas: Peridotitas, Dunitas Serpentinas y Limburgitas
Feldespatoides > 10%	**Sienita nefelínica** _Fonolita_		**Monzonita nefelínica** _Latita nefelínica_	**Exenitas y Glenmuritas** _Orchandita nefelínica_	**Teschenitas** _Tefritas con leucita, nefelina y analcima_	Rocas ultrabásicas: Nefelinita y Leucit

FK = Feldespato potássico;

En negrita las rocas intrusivas; _en cursiva las rocas extrusivas_

3.3. Textura de las rocas ígneas

El tamaño y el grado de desarrollo de los cristales dependen de la velocidad de enfriamiento y determina la textura de la roca. Por tanto, la importancia de la textura de las rocas ígneas es fundamental pues influye en su clasificación, aportando también información acerca del origen de las mismas y de las condiciones de formación.

La textura dependerá de parámetros como la forma, las dimensiones y la interacción de los componentes mineralógicos, tonalidad, y es función de las condiciones de solidificación (enfriamiento) y de la composición química del magna (fundido de silicatos).

Los criterios seguidos para poder establecer la textura de las rocas ígneas han sido:
a) *Grado de cristalinidad* (función de la proporción entre cristales y vidrio).

– Holohialinas: más del 90% en volumen de vidrio (volcánicas).

– Hialocristalinas: parte cristales y parte vidrio (pórfidos).

– Holocristalinas: más del 90% son cristales (plutónicas).

b) *Tamaño de los cristales.*

– Fanerítica: cuando los cristales se pueden reconocer a simple vista.

– Afanítica: cuando los cristales no se pueden reconocer a simple vista.

c) *Distribución de los cristales.*

– Equigranular: cuando los cristales tienen el mismo tamaño.

– Inequigranular: cuando existe una distribución amplia de tamaños. Se pueden llegar a diferenciar varios tipos de distribuciones: Unimodal, cuando la distribución se ajusta a una campana de Gauss. Bimodal, cuando se pueden llegar a diferenciar dos máximos dentro de la distribución. Seriada.

– Porfídica: los cristales poseen una diferencia de tamaño muy acusada (fenocristales embutidos en una matriz de microcristales), o semicristalinas caracterizados por la presencia de fenocristales englobados por una masa vítrea.

d) *Tonalidad de la roca.*

- – Leucocrática: de tonalidades claras debido a la abundancia de minerales siálicos y félsicos como el cuarzo, los feldespatos (como la ortosa, albita y anortita), feldespatoides (como la leucita, la nefelina o la sodalita), la moscovita, el apatito y el circón.

- – Melanocrática: de tonalidades oscuras, debido presencia de minerales máficos y fémicos como pueden ser los piroxenos y piroxenoides, los anfíboles (hornblenda), la magnetita, la pirita y la esfena.

En función de estos criterios se podrán diferenciar y distinguir las siguientes texturas:

- • **Granítica**: es siempre holocristalina, es decir, resulta de la asociación de cristales individuales mejor o peor desarrollados. Los cristales son visibles a simple vista y de aspecto homogéneo, formados en el interior de la corteza terrestre en un proceso lento, pero único, de cristalización. En esta textura, los cristales se yuxtaponen por superficies más o menos redondeadas, sin predominio de ninguno de ellos bajo el punto de vista del tamaño (equigranular).

- • **Aplítica**: es holocristalina y la masa rocosa se caracteriza por la presencia de cristales de pequeño tamaño (tamaño medio inferior a 1 mm), difícilmente perceptibles, dotando a la roca de un aspecto homogéneo. También se pude encontrar como textura afanítica o de grano fino.

- • **Pegmatítica**: en este tipo de textura, un elemento que suele ser el feldespato, forma un fondo en el cual están insertos fragmentos de otras especies de minerales, casi siempre angulosos y orientados entre sí. Son de tamaño grande (fenocristales).

- • **Porfídica**: es una textura que puede ser holocristalina, en la que los cristales poseen una diferencia de tamaño muy acusada (fenocristales embutidos en una matriz de microcristales) o semicristalina, caracterizada por la presencia de fenocristales englobados por una masa vítrea. Este tipo de textura da una información muy valiosa sobre el proceso de formación de la roca al informarnos de que se ha cristalizado en dos lapsos de tiempo muy diferentes: el primero, en el cual se forman los cristales grandes (fenocristales), bien desarrollados y otro posterior, en el cual se forman los cristales pequeños (microlitos), a veces representados por una masa vítrea que aparece interpuesta en la cual resaltan los fenocristales.

- **Vítrea**: se corresponde con rocas en las que la materia vítrea es la predominante en la matriz rocosa, no pudiéndose diferenciar ningún cristal. Formada por el enfriamiento muy rápido de la lava.

- **Piroclástica**: cuando las rocas ígneas se forman por la consolidación de fragmentos de roca (cenizas, lapilli, gotas fundidas, bloques angulares arrancados del edificio volcánico, etc.), emitidos durante erupciones volcánicas.

- **Vacuolar**: puede ocurrir que durante el proceso de enfriamiento y solidificación de una roca vítrea se desprendan abundantes vapores. Esta circunstancia favorece la formación de vacuolas o cavidades de aspecto subredondeado. Estas vacuolas, generadas por burbujas, pueden tener una gran variedad de tamaños, desde microscópicas hasta varios centímetros.

- **Amigdalada**: formadas por rellenos microcristalinos o vítreos de vesículas.

3.4. Estructura de las rocas ígneas

3.4.1. Rocas plutónicas

Son aquellas rocas ígneas formadas por el enfriamiento lento (cristalización) de grandes masas de un magma silicatado que se introduce en la corteza.

Durante la cristalización el enfriamiento es en el interior de la corteza y lento generando, como consecuencia, grandes cristales de minerales "puros" visibles a simple vista.

Las intrusiones forman grandes masas que conforman la estructura de estas rocas, diferenciándose las siguientes:

- Batolito o plutón (grandes masas).

- Cúpulas (menor extensión).

- Lacolitos (masa lenticular).

- Lopolitos (masa tabular lenticular).

- Facolitos (masas intrusitas concordantes).

- Filón o dique (discordante).

- Filón capa o sill (concordante).

3.4.2. Rocas filonianas

Las **rocas filonianas** se forman en el interior de grietas en las que el enfriamiento del magma es gradual, enfriándose más rápido la masa magmática que se encuentra en contacto con las paredes de la grieta. El magma que se ubica en el interior tarda más tiempo en enfriarse. Por ello, se forman cristales grandes rodeados por una masa amorfa (vítrea) que no ha tenido tiempo para cristalizar. A este tipo de textura se le denomina **porfídica**.

La estructura de estas rocas, formadas en el interior de grietas, se denomina **dique** o **filón**.

3.4.3. Rocas volcánicas

Son las rocas formadas por la solidificación rápida de material magmático en la superficie de la corteza terrestre debido a la actividad volcánica.

Dado que el enfriamiento es mucho más rápido, los iones de los minerales no pueden organizarse en cristales grandes, por lo que las rocas volcánicas son de grano fino (cristales invisibles a simple vista), como el basalto, o completamente amorfas (con una textura similar al vidrio), como la obsidiana.

Se presentan de dos formas distintas: consolidadas o sueltas. Las primeras son el resultado de la solidificación de un material viscoso que fluye (lavas) y las segundas se forman por el enfriamiento de fragmentos lanzados al aire por las explosiones.

Como rasgos típicos de estas rocas pueden señalarse la textura porfídica, la presencia de vesículas (huecos formados por el escape de gases), las amígdalas (formadas por el relleno de vesículas), las alineaciones de minerales a causa del flujo de las lavas, y las estructuras bandeadas. Algunos de estos rasgos no son siempre visibles.

La estructura típica de estas rocas es el volcán.

4. ROCAS METAMÓRFICAS

Son rocas procedentes de otras rocas preexistentes (ígneas, sedimentarias e incluso metamórficas), en las que se han producido cambios químicos, mineralógicos y estructurales, por lo general en estado sólido, como respuesta a cambios de presión y temperatura.

A este proceso, mediante el cual las rocas modifican su textura, estructura y composición mineralógica, se le denomina **metamorfismo** y a las nuevas rocas formadas se denominan **rocas metamórficas**.

Las consecuencias de este proceso son:

a) Deformaciones de la red cristalina (cristales hojosos, alargados o aciculares).

b) Puede afectar a cualquier roca (incluso más de una vez).

c) Duración de millones de años.

d) Aportaciones y pérdidas de otros iones (migmatitas).

e) Hojosidad, esquistosidad o foliaciones.

f) Un rasgo típico de estas rocas es la orientación que presentan los minerales, especialmente los tabulares, como acomodo a la dirección en que actúa la presión, lo que se traduce en una estructura hojosa en gran parte de las rocas metamórficas.

4.1. Clasificación de las rocas metamórficas

Se pueden clasificar según el tipo de metamorfismo que ha sufrido la roca preexistente. Los tipos de metamorfismo que se consideran son:

- **Contacto**: temperatura > presión (corneanas).

- **Dinámico**: presión > temperatura (brechas, fallas, mantos, fricción entre placas).

- **Regional**: presión y temperatura muy altas (orogenias, plegamientos, zonas de subducción).

- **Pirometamorfismo**: temperatura alta en contacto con lavas volcánicas (buchitas).

- **Cataclástico**: fracturación rotura de rocas sin recristalización (milonitas).

- **Metasomatismo**: cambio en la composición (peridotita-serpentina: skarn).

- **Retrógrado**: se da en rocas que solo son estables a altas temperaturas cuando bajan (biotita a clorita).

La roca preexistente, que puede ser cualquiera, incluso una roca ya metamorfizada, influye lógicamente en el tipo de roca resultante tras el proceso de metamorfismo. La secuencia del metamorfismo sería la siguiente:

- **Paraectinitas**, (de "*ektenia*" = tensión). Proceden de rocas sedimentarias y sin aportes de fluidos mineralizadores.

- **Ortoectinitas**. Proceden de rocas ígneas y sin aportes de fluidos mineralizadores.

- **Migmatitas**, (de "*migma*" = mezcla). Son rocas formadas a altísimas temperaturas y presiones con aportes de fluidos magmáticos.

La Tabla 3 establece una clasificación de estas rocas según el tipo de metamorfismo considerado, indicando la roca de procedencia o preexistente más probable.

Tabla 3. Clasificación de las rocas metamórficas según el tipo de metamorfismo.

Tipo de metamorfismo	Roca metamórfica	Roca primitiva probable
Rocas del metamorfismo dinámico	Milonitas	Cualquier tipo de roca
	Cataclásticas	
Rocas del metamorfismo de contacto	Corneanas	Sedimentos arcillosos y arenosos, pizarras y calizas
	Pizarras moteadas	
Rocas de metamorfismo de contacto o regional	Mármol	Calizas y dolomías
	Cuarcitas	Arenisca y pedernales
	Pizarras	Argilitas
	Filitas	Pizarras y argilitas
	Esquistos (carbonatados, estaurolíticos, micáceos, etc.)	Pizarras, areniscas, rocas carbonatico-arcillosas, arcillas grauwacas, rocas ígneas máficas, basalto
Rocas del metamorfismo regional	Gneis	Rocas ígneas, areniscas y arcosas
	Anfibolitas	Rocas ígneas. Sedimentos con Fe y Ca
	Granulitas	Rocas ígneas y areniscas
	Eclogitas	Rocas ígneas máficas
	Migmatitas	Rocas ígneas y metamórficas

4.2. Composición química y mineralógica de las rocas metamórficas

Las rocas metamórficas presentan, en general, los mismos minerales que las rocas ígneas, pero aparecen minerales exclusivos, denominados "minerales termómetro", que indican las condiciones de presión y temperatura en las que se han formado "grado de metamorfismo", así como las deformaciones sufridas y los fluidos mineralizadores aportados. Algunos de estos minerales exclusivos son: andalucita, silimanita y distena, granate, cordierita, forsterita, wollastonita, estaurolita, epidota, etc.

4.3. Textura de las rocas metamórficas

Durante el proceso de metamorfismo se desarrollan nuevos cristales *cristaloblastos* (*blastein* = *brotar*) que dan las siguientes texturas:

- **Ganoblásticas**: granos isométricos (cuarcita, mármol). Los cristales forman un mosaico de granos del mismo tamaño (equidimensionales). Los granos tienden a formar contactos estables. Los que ofrecen mayor estabilidad frente a las nuevas condiciones energéticas (presión y temperatura), son aquellos en los que los granos se unen a 120° en puntos donde se juntan tres de ellos (denominados puntos triples). Esto se debe a que esta disposición morfológica es más estable, ya que se minimiza la superficie total de contactos entre granos. Esta textura es común en rocas monominerálicas (de un solo componente mineral), como cuarcitas y mármoles, así como en rocas de grado de metamorfismo muy alto como granulitas.

- **Lepidoblásticas**: en forma de escamas (micacitas). Características de minerales tabulares (en general, filosilicatos, normalmente micas y cloritas) orientados paralelamente según su hábito planar. El hecho de que esta textura presente orientación preferente de sus componentes minerales supone que las rocas con esta textura presentan fábrica planar, lo que confiere a la roca una anisotropía estructural (foliación) según la cual tiende a exfoliarse. Desde el punto de vista geotécnico, estas rocas presentan comportamientos mecánicos contrastados según las direcciones perpendicular y paralela a la superficie de foliación. Esta textura es la típica de metapelitas (pizarras, micacitas, esquistos y gneises pelíticos).

- **Nematoblásticas**: en forma de hilos (gneis). Están definidas por minerales aciculares (inosilicatos, normalmente anfíboles) orientados paralelamente según su hábito elongado en una dirección. Las rocas con esta textura presentarán fábrica lineal, lo que igualmente les confiere una anisotropía estructural (lineación) según la cual las rocas tienden a escindirse. Esta textura es típica de anfibolitas y gneises.

- **Diablásticas**: cristales interpenetrados en otros (feldespatos).

- **Porfidoblásticas**: cristales grandes en otros más pequeños (gneis glandular). Están definidas por la presencia de blastos de tamaño de grano mayor (porfidoblastos) que el resto de los minerales que forman la matriz en la que se engloban. La matriz por su parte puede tener cualquiera de las texturas anteriores (granoblástica, lepidoblástica o nematoblástica), o una combinación de ellas. Cualquier tipo de roca metamórfica puede tener textura porfidoblástica, y los porfidoblastos pueden ser de cualquier mineral que la forme.

- **Poiquioblásticas**: cristales variados. Definidas, al igual que en rocas ígneas, por cristales porfidoblásticos que incluyen a otros minerales más pequeños.

- **Helicíticas**: cristales con giros helicoidales (granate).

Las texturas que presentan las rocas metamórficas son muy numerosas. La
"Enciclopedia de las Ciencias de la Tierra", en su tomo de rocas ígneas y metamórficas indica un total de 46.

4.4. Estructura de las rocas metamórficas

Las estructuras encontradas en las rocas metamórficas dependen del tipo de estructuras de las rocas originales, ígneas o sedimentarias, y si estas ha sufrido o no deformación. Las estructuras más frecuentes se dividen en dos grandes grupos:

- **Estructuras no orientadas**. Aparecen en las rocas metamórficas que tienen textura granoblástica (granos isométricos no orientados). El tipo de
metamorfismo característico es el térmico (altas temperaturas) y las condiciones de baja presión. Ejemplos típicos son el mármol y la cuarcita.

- **Estructuras orientadas**. Son estructuras típicas del metamorfismo regional. Es muy patente cuando existen minerales con forma laminar (micas) o
prismática (piroxenos y anfíboles). Las más comunes son:

    - *Estratificación*.

    - *Esquistosidad*: típica de rocas metamórficas conformadas por minera-
    les de grano grueso.

    - *Pizarrosidad*: es un tipo de foliación característica de rocas metamórfi-
    cas conformadas por minerales de grano fino.

    - *Foliaciones*: cuando existen minerales con forma laminar (micas) y se
    orientan en láminas.

    - Las rocas foliadas son fundamentalmente *anisotrópicas*, es decir, sus
    propiedades geomecánicas varían según la orientación. Según el grosor
    de las capas foliadas, se determina el nombre de las rocas. De menor a
    mayor espesor se ubican las pizarras, filitas, esquistos y gneis.

    - *Gnéisica*: cuando son rocas de grano grueso y con capas de distinta
    composición mineral. Si el gneis procede de una roca ígnea granítica se
    le añade el sufijo "orto" (ortogneis), si el gneis procede de una roca se-
    dimentaria se le añade el sufijo "para" (paragneis).

– *Bandeada*: en el caso de que las rocas hayan sufrido deformación contemporánea con el metamorfismo, la estructura más común es la bandeada que, además, presentará orientación preferente de los minerales paralelamente al bandeado.

5. ROCAS SEDIMENTARIAS

Las **rocas sedimentarias** proceden de otras rocas preexistentes, ya sean plutónicas, filonianas, volcánicas, metamórficas, o incluso sedimentarias, sometidas a procesos complejos de alteración, disgregación, erosión, transporte y sedimentación, o precipitación química.

Los materiales procedentes de estos procesos, denominados sedimentos, se acumulan en zonas deprimidas de la corteza terrestre (océanos, mares, lagos y ríos) cuando cesa el medio que los transporta (agua, hielo y viento), y están formados por componentes:

- **Detríticos**: gravas, arenas, limos y arcillas.
- **Químicos**: sílice, carbonatos, sulfatos.
- **Biológicos**: fósiles y restos orgánicos.

Los sedimentos, una vez depositados, sufren un proceso denominado **litificación**, constituido por la compactación, cementación, diagénesis y metasomatismo de sus materiales y minerales, que los transforma en una roca sedimentaria.

5.1. Clasificación de las rocas sedimentarias

Las rocas sedimentarias se dividen en tres grandes grupos (Tabla 4).

- **Rocas detríticas.** Están constituidas por partículas y fragmentos de rocas, sueltos o cementados, originados por procesos exógenos actuando sobre las rocas ya existentes. Se dividen a su vez en tres grandes grupos atendiendo al tamaño de las partículas :
  - **Ruditas**. Constituidas por bloques y gravas, cuyos tamaños oscilan entre 256 mm y 2 mm.
  - **Arenitas**. Lo forman las arenas, cuyos tamaños oscilan entre 2 mm y 1/16 mm.
  - **Lutitas**. Incluyen limos y arcillas que se corresponden con las partículas de menor tamaño, oscilando entre 1/16 mm y 1/256 mm.

Las rocas detríticas pueden presentarse también cementadas, recibiendo entonces los nombres de conglomerados, areniscas, limolita y arcillita, respectivamente.

- **Rocas intermedias**. Las rocas intermedias están constituidas por la mezcla de lutitas (arcillas), arenitas y rocas carbonatadas en diversas proporciones: **margas**.

Tabla 4. Clasificación de las rocas sedimentarias (*tomado de Corrales, I. et al., 1977*)

GRUPO	Ø mm	CLASE	SEDIMENTO Y TAMAÑO TEXTURAL		COMPACTADA	CRITERIOS DE SUBDIVISIÓN
ROCAS DETRÍTICAS	256	RUDITAS	Bloques	Grava	Según forma del clasto: **Conglomerado** (redondeado) **Brecha** (anguloso)	1.- Génesis. 2.- composición de los clastos
	2		Cantos			
	1/2	ARENITAS	Arena muy gruesa		Arenisca	1.- Composición % de cuarzo % de feldespatos % de fragmentos de rocas % de matriz detrítica 2.- Génesis
	1		Arena gruesa			
	1/4		Arena media			
	1/8		Arena fina			
	1/16		Arena muy fina			
	1/256	LUTITAS	Limo		Limolita	1.- Color. 2.- Composición. 3.- Textura.
			Arcilla		Arcillita	

GRUPO	CLASE			CRITERIOS DE SUBDIVISIÓN
ROCAS INTERMEDIAS				**MARGA**
ROCAS NO DETRÍTICAS	ROCAS CARBONATADAS			1.- Composición. 2.- Textura.
	ROCAS EVAPORÍTICAS			1.- Composición.
	ROCAS SILÍCEAS DE ORIGEN ORGÁNICO Y QUÍMICO			1.- Génesis. 2.- Composición.
	ROCAS ALUMINO-FERRUGINOSAS DE ORIGEN QUÍMICO			1.- Génesis. 2.- Composición.
	ROCAS ORGANÓGENAS			1.- Composición. 2.- Textura y estado físico
	ROCAS FOSFATADAS			1.- Génesis. 2.- Textura y estructura.

- **Rocas no detríticas**. Las rocas no detríticas pueden ser de origen químico o bioquímico. Las rocas de origen químico proceden de la consolidación de sedimentos formados por precipitación de materia mineral. Las de origen bioquímico están formadas por la acumulación de materia mineral que procede de la actividad de los seres vivos. Se distinguen seis clases:

  - **Carbonatadas**. Son rocas roca cuyo mineral esencial es la calcita, ($Ca\ CO_3$) y la dolomita ($MgCa(CO_3)_2$); otros minerales presentes son sílice (calcedonia), feldespato, arcilla, pirita y siderita. Si predomina la calcita la roca se denomina caliza y si predomina la dolomita la roca se denomina dolomía. Folk (1962), establece una clasificación de calizas teniendo en cuenta las proporciones relativas de los tres constituyentes básicos: granos (aloquímicos), matriz micrítica y cemento esparítico (ortoquímicos). Las calizas proceden de la precipitación del carbonato de calcio que existe en disolución en las aguas continentales y oceánicas.

  - **Evaporíticas.** Están constituidas por los compuestos más solubles, sulfatos y cloruros alcalinos y alcalinotérreos, formados a partir de los iones presentes en el agua de mar o en lagunas interiores. Se forman por precipitación de sales al evaporarse el agua en la que estaban disueltas. El orden de precipitación de las sales depende de su solubilidad, depositándose primero las sales menos solubles y a continuación, las más solubles. En general, en la formación de un depósito salino pueden distinguirse tres fases: **carbonatada**, en la que se produce el depósito de carbonato de calcio, **sulfatada**, en la que precipitan la anhidrita y el yeso, y **clorurada**, en la que se deposita la sal común.

  - **Silíceas de origen orgánico y químico.** Se forman por precipitación físico-química de la sílice, a partir de soluciones más o menos concentradas. Contenido en sílice > 90%. Las rocas silíceas organógenas están formadas por organismos de diatomeas, radiolarios y esponjas. Las rocas de origen químico constituyen esencialmente el sílex.

  - **Alumino-ferruginosas de origen químico.** Se forman por precipitación fisicoquímica de aluminio y hierro, a partir de soluciones más o menos concentradas. Son rocas como el hierro oolítico y la limonita.

  - **Organógenas.** Son los combustibles fósiles, el carbón y el petróleo.

  - **Fosfatadas.** Integradas por mezclas de minerales submicroscópicos de fosfatos diversos, con impurezas orgánicas e inorgánicas. Se distinguen los fosfatos primarios: fosforita y apatito, los fosfatos secundarios: acumulaciones de huesos y los abonos (acumulación de excrementos de aves).

De estas, las más interesantes, dada su abundancia e importancia en Ingeniería Civil, son las rocas carbonatadas, las evaporíticas y las silíceas.

5.2. Composición química y mineralógica de las rocas sedimentarias

Los sedimentos acumulados en zonas deprimidas de la corteza se pueden dividir, atendiendo a su origen, en detríticos, químicos y biológicos. Según su composición química se definen los siguientes grupos de sedimentos:

- Resistatos: SiO_2.

- Hidrolisatos: hidróxidos de Fe y Al (Si). Arcillas.

- Oxidatos: óxidos de Fe y Mn.

- Reductatos: sulfuros de Fe. Pirita.

- Precipitatos: CO_3^{2-} de Ca y Mg. Calcita y dolomita.

- Evaporitos: Cl^-, SO_4^{2-}, de Ca, K, Mg y Na, cloruros, y yeso.

El número total de minerales que constituyen las rocas sedimentarias es muy elevado, ya que cualquier mineral de las rocas ígneas y metamórficas puede estar presente en un sedimento. No obstante, los minerales esenciales presentes en las rocas sedimentarias son muy pocos comparados con los de rocas de los que provienen. En la Tabla 5, se indica la composición mineralógica de los sedimentos.

Tabla 5. Composición mineralógica de los sedimentos

Clase	Resistatos	Hidrolisatos	Oxidatos	Reductatos	Precipitatos	Evaporitos
Elementos	Si	Al, Si, Fe	Fe, Mn	Fe, S	Ca, Mg	Ca, Mg, Na, K
Minerales	Cuarzo Minerales accesorios **Arenas** **Areniscas**	Minerales arcillosos Hidróxidos de aluminio **Arcillas** **Margas**	Hematites Goethita Pirolusita Psilomelana	Pirita Marcasita Siderita Azufre	Calcita Aragonito Dolomita **Calizas** **Dolomías**	Yeso Anhidrita Halita Silvina Carnalita

Existe otra división mineralógica atendiendo a su origen: *alotígenos*, formados fuera del sedimento y transportados a la cuenca de sedimentación y *autígenos*, formados por precipitación química dentro de la cuenca.

5.3. Textura de las rocas sedimentarias

Las rocas sedimentarias presentan dos tipos de textura, textura clástica (correspondientes a las rocas detríticas) y textura no clástica.

- **Clástica** o **Detrítica** : gravas, arenas, limos y arcillas

    - Las rocas con textura clástica o detrítica, están constituidas por granos de diferentes tamaños, que forman el esqueleto de la roca y por un material que rellena los huecos de ese esqueleto, que puede ser de origen detrítico (matriz), o de origen químico (cemento). El tamaño y la forma de los granos da lugar a las distintas texturas clásticas, que sirve para la clasificación de las rocas sedimentarias.

- **No clástica**: < 50% de partículas detríticas

    - *Cristalina*: cristales de grano grueso, medio y fino. Carbonatos.

    - *Amorfa*: partículas del tamaño de la arcilla o de tamaño coloidal. Arcillas y margas.

    - *Oolítica*: masas elipsoidales o esféricas con estructura fibrosa radial o concéntrica normalmente con núcleo detrítico. Tamaño entre 2 y 0,2 mm.

    - *Pisolítica*: masas elipsoidales o esféricas con estructura fibrosa radial o concéntrica generalmente con núcleo detrítico. Tamaño mayor de 2 mm.

    - *Porfídica*: cristales más grandes flotando en una pasta.

5.4. Estructura de las rocas sedimentarias

La característica fundamental de una roca sedimentaria es su disposición en capas o estratos. Se define **estrato** como una capa de origen sedimentario limitada por dos planos que la individualizan dentro de una serie estratigráfica. Un estrato queda definido por su rumbo, buzamiento, potencia, litología y fósiles.

La estratificación es la estructura principal de las rocas sedimentarias.

6. CRITERIOS DE CLASIFICACIÓN DE MACIZOS ROCOSOS EN AFLORAMIENTOS

Un **macizo rocoso** es un medio discontinuo que evoluciona transformándose con el tiempo. Posee un comportamiento geomecánico que puede ser estudiado a cualquier escala (micro y macroscópica); por tanto, sus propiedades y características pueden ser testadas y cuantificadas.

Cuando un macizo rocoso se estudia desde un aspecto ingenieril, como es el caso de la construcción de un túnel, excavación de un talud, construcción de una presa o el cálculo de la tensión máxima admisible de una cimentación, este conocimiento se puede obtener mediante la descripción detallada y metodológica del macizo rocoso.

En esta guía no se pretende enseñar cómo se realiza una estación geomecánica o cómo se realiza una descripción detallada del macizo rocoso. El objetivo es tan solo el de describir y cuantificar las características básicas de un afloramiento.

La caracterización de macizos rocosos a partir de afloramientos debe basarse en criterios objetivos que se fundamenten en observaciones sistemáticas y con procedimientos normalizados. Esta sistemática se puede resumir en las siguientes etapas (ITGE. Ferrer, M. y González de Vallejo, L.I., 1999):

- Descripción de las características generales del afloramiento.
- Descripción y caracterización de la matriz rocosa.
- Descripción y caracterización de las discontinuidades.
- Descripción y caracterización del relleno.
- Descripción y caracterización del macizo rocoso.

En todo caso, se han seguido las especificaciones de la clasificación ISRM (1981).

6.1. Descripción de las características generales de un afloramiento

Proporciona una información básica de las condiciones geológicas y geomecánicas de un afloramiento en su conjunto, informando sobre la naturaleza del mismo (si es natural o antrópico), sus dimensiones y las condiciones en las que se encuentra.

6.2. Descripción y caracterización de la matriz rocosa

Consiste en la identificación visual de la roca, a partir de su naturaleza, composición mineralógica y de su textura. La información a obtener será:

- Litología o litologías presentes
  - Composición mineralógica.
  - Forma y tamaño de los cristales o de los granos que la integran.
  - Color.
  - Dureza.

- Meteorización o grados de meteorización presentes y espesor de los mismos.

En este sentido, se han seguido las especificaciones de la clasificación ISRM, en la que se diferencian seis grados de meteorización (Tabla 6).

Tabla 6. Grado de meteorización (*ISRM*)

Grado	Denominación	Criterio de reconocimiento
I	Roca sana o fresca	La roca no presenta signos visibles de meteorización, pueden existir ligeras pérdidas de color o pequeñas manchas de óxidos en planos de discontinuidad.
II	Roca ligeramente meteorizada	La roca y los planos de discontinuidad presentan signos de decoloración. Toda la roca ha podido perder su color debido a la meteorización y superficialmente ser más débil que la roca sana.
III	Roca moderadamente meteorizada	Menos de la mitad del material está descompuesto en forma de suelo. Aparece roca sana o ligeramente meteorizada de forma continua o en zonas aixladas.
IV	Roca meteorizada a muy meteorizada	Más de la mitad del material está descompuesto en forma de suelo. Aparece roca sana o ligeramente meteorizada de forma discontinua.
V	Roca completamente meteorizada	Todo el material está descompuesto en forma de suelo. La estructura original de la roca se mantiene intacta y se reconoce la textura.
VI	Suelo residual	La roca está totalmente descompuesta en forma de suelo y no puede reconocerse ni la textura ni la estructura original. El material permanece "in situ" y existe un cambio de volumen importante.

- Resistencia mediante índices empíricos de observación en campo en lo que se puede correlacionar con las diferentes resistencias a compresión simple, Tabla 7.

Tabla 7. Identificación en campo de la resistencia de la matriz rocosa
(*basado en la ISRM*)

Término	Identificación en campo	Valor estimado (Mpa)
Extremadamente blanda	Se raya con la uña del dedo.	< 1
Muy blanda	Se desmenuza con un golpe seco con la punta de un martillo de geólogo. Se puede descascarillar con una navaja.	1 a 8
Blanda	Se puede descascarillar con cierta dificultad con una navaja. Se pueden hacer rayas poco profundas con el pico del martillo de geólogo.	5 a 25
De resistencia media	No se puede raspar o descascarillar con una navaja. La muestra se puede fracturar con un fuerte golpe con el martillo de geólogo.	25 a 50
Resistente	La muestra precisa más de un golpe de martillo de geólogo para fracturarse.	50 a 100
Muy resistente	La muestra precisa de muchos golpes de martillo de geólogo para fracturarse.	100 a 250
Extremadamente resistente	Solo puede partirse la muestra con un martillo de geólogo.	> 250

6.3. Descripción y caracterización de las discontinuidades

6.3.1. Discontinuidades. Tipos de discontinuidades

La estructura del macizo rocoso, con independencia de su origen, presenta unos planos de debilidad visibles a diferentes escalas, que son respuesta del estado tensional imperante en su entorno físico. Estos planos de debilidad son conocidos como discontinuidades.

Pueden presentarse cerradas o abiertas, e incluso, pueden llegar a abrirse cuando se les aplica un esfuerzo durante los trabajos de ingeniería. Su formación depende de dos factores:

1) Naturaleza de la matriz rocosa.

2) Estado de esfuerzos a la que ha estado sometida.

En función de estos dos factores, las discontinuidades pueden clasificarse en dos grandes grupos:

- Discontinuidades singulares. Se caracterizan porque dividen, fracturando, al macizo rocoso. Los ejemplos más representativos son: fallas, diques y los ejes de pliegues.

- Discontinuidades sistemáticas. Se caracterizan porque aparecen formando familias de planos de debilidad. Las más representativas son: estratificación, laminación, diaclasados, esquistosidad, juntas y lineaciones.

  - Estratificación y laminación. En la Tabla 8, se recogen los términos que se emplean para describir el espesor de la estratificación y laminación.

Tabla 8. Estratificación en función del espesor de los estratos
(*basado en la ISRM*)

Estratificación en función del espesor de estratos		
Termino		**Potencia (espesor o espaciamiento)en mm**
Estratificación	Estratificación muy gruesa	> de 2.000
	Estratificación gruesa	de 2.000 - 600
	Estratificación media	de 600 - 200
	Estratificación fina	de 200 - 60
	Estratificación muy fina	de 60 - 20
Laminación	Laminación gruesa	de 20 - 6
	Laminación fina	< de 6

  - Diaclasas. Definidas como las fracturas no rellenas (Badgley, 1965), que se propagan perpendicularmente al esfuerzo principal y se caracterizan por tener aperturas pequeñas en relación a las longitudes que presentan.

    El origen del agua de estas diaclasas es:

    - Por enfriamiento de cuerpos ígneos (Crosby 1882).

    - Por desecación de sedimentos (Le Conte 1882).

–   Esquistosidad. Definida como la característica propia de las rocas de origen metamórfico, debida a la disposición de los minerales en láminas, siguiendo una determinada dirección.

–   Bandeado. Definido como la propiedad de las rocas que se presentan en capas alineadas en bandas; de estructura bandeada de pequeño espesor.

6.3.2. Espaciado

Definido como la distancia existente entre dos planos de discontinuidad de la misma familia, en función de esta distancia, se puede cuantificar y describir el espaciamiento según la Tabla 9.

Tabla 9. Términos para describir el espaciamiento de las discontinuidades (*basado en la ISRM*)

Espaciamiento de las discontinuidades	
Término	Separación (mm)
Muy separadas	> de 2.000
Separadas	de 2.000 - 600
Moderadamente juntas	de 600 - 200
Juntas	de 200 - 60
Muy juntas	de 60 - 20
Extremadamente juntas	< de 20

6.3.3. Continuidad

Referida a la extensión superficial o longitud según la dirección del plano, medidas desde su inicio hasta su terminación en el macizo rocoso o hasta su corte con otra discontinuidad. La unidad de medida es el metro. La terminología para cuantificar y describir la continuidad viene reflejado en la Tabla 10.

Tabla 10. Términos para describir la continuidad de las discontinuidades
(*basado en la ISRM*)

Continuidad de la litoclasa	
Calificación de la continuidad	**Persistencia (m)**
Muy pequeña	< de 1
Escasa	de 1 - 3
Media	de 3 - 10
Alta	de 10 - 20
Muy alta	> de 20

6.3.4. Apertura

Se define como la distancia medida en la perpendicular de las paredes de la discontinuidad, Tabla 11.

Tabla 11. Términos para describir la apertura de las discontinuidades
(*basado en la ISRM*)

Apertura de las discontinuidades (juntas)		
Término del tamaño apertura	**Apertura**	**Término general**
Muy cerrada	< de 0,1 mm	Juntas cerradas
Cerrada	de 0,1 - 0,25 mm	
Parcialmente abierta	de 0,25 - 0,5 mm	
Abierta	de 0,5 - 2,5 mm	Macizo rocoso agrietado
Moderadamente ancha	de 2,5 - 10 mm	
Ancha	de 1 - 10 cm	Juntas abiertas
Muy ancha	de 10 - 100 cm	
Extremadamente ancha	> de 1 m	

6.3.5. Rugosidad

La superficie de las discontinuidades debe describirse en función de la escala de observación:

- Pequeña escala (varios milímetros): puede ser de lisa o rugosa.
- Escala media (varios centímetros): puede ser plana, escalonada u ondulada.
- Gran escala (varios metros): puede ser ondulada, curva o recta.

6.3.6. Filtraciones

Puede darse el caso en que en alguna zona del afloramiento se aprecien humedades e incluso flujos de agua a modo de filtraciones a través de las discontinuidades.

Si la cantidad de flujo puede estimarse o medirse, se tendrán que describir en función de la terminología que se recoge en la Tabla 12.

Tabla 12. Términos para cuantificar el flujo de agua
(*basado en la ISRM*)

Flujo de agua	
Término	Cantidad de flujo
Pequeño	de 0,05 - 0,5 l/s
Medio	de 0,5 - 5 l/s
Grande	> de 5 l/s

6.4. Descripción y caracterización del relleno

Muchas fracturas existentes en las rocas, cuando aparecen abiertas, presentan un material de relleno que se debe describir y caracterizar. Los pasos y factores que se debe de tener en cuenta son:

- Litología del relleno.

- Si es potencialmente expansivo.

- Espesor.

- Grado de meteorización.

- Humedad.

- Resistencia.

6.5. Descripción y caracterización del macizo rocoso

En la caracterización del macizo rocoso, a partir de afloramientos, se realizan una serie de observaciones y medidas en campo que son la base y sistemática para que quede caracterizado. Hay que tener en cuenta:

- Número y orientación de las familias.

- Tamaño del bloque e intensidad de la fracturación.

- Grado de meteorización.

- Resistencia del macizo.

Los criterios de clasificación y sistemática seguida en esta guía, son los que se consideran que mejor definen al macizo rocoso en los afloramientos.

PARTE II. RECONOCIMIENTO DE ROCAS. FICHAS DESCRIPTIVAS

El objeto de esta guía ha sido elaborar un texto de apoyo para estudiantes y profesionales que se inician o trabajan en ingeniería civil, con el fin de que sean capaces de reconocer las rocas más abundantes de la corteza terrestre.

Para su utilización la guía se ha estructurado en tres partes:

- En la primera se definen los conceptos generales esenciales para la clasificación de las rocas.

- La segunda recoge, para cada muestra de roca reconocida, una descripción general, en la que se define sus componentes.

- En la tercera se describen algunos afloramientos de macizos rocosos en los que se recogen y detallan los parámetros más representativos de cara a su clasificación geomecánica y caracterización.

Cada muestra de roca y afloramiento se registra en una ficha específica encabezada por un color que hace referencia a su origen. A continuación, se presenta la tabla de colores que se ha utilizado en esta guía para diferenciar los distintos tipos de rocas.

Tabla de colores

ROCAS ÍGNEAS	PLUTÓNICAS
	FILONIANAS
	VOLCÁNICAS
ROCAS METAMÓRFICAS	METAMÓRFICAS
ROCAS SEDIMENTARIAS	DETRÍTICAS
	INTERMEDÍAS
	NO DETRÍTICAS

ROCAS ÍGNEAS

ROCAS PLUTÓNICAS

1 Granito gris.

2 Granito con linealidad.

3 Granito porfídico.

4 Granito rosa.

5 Granito alterado.

6 Granito arenizado.

7 Sienita rosa.

8 Sienita gris.

ROCAS ÍGNEAS

Todas las rocas ígneas se caracterizan por haberse formado en un ambiente endógeno, independientemente del proceso de solidificación, en cuanto a la velocidad y condiciones en el que el magma se enfría.

En este ambiente, las variaciones mineralógicas, texturales y estructurales de las rocas ígneas vienen controladas y condicionadas por la reacción de un fluido y por tanto, por una energía en forma de temperatura, presión o de ambas a la vez.

En la presente guía se han querido seguir las teorías alemanas en cuanto a la clasificación de las rocas ígneas, en función de las condiciones de formación, distinguiendo como grupos fundamentales:

- las *rocas plutónicas*,

- las *rocas filonianas*, y

- las *rocas efusivas* o *volcánicas*.

Fotografía cortesía del IGME

Descripción

Presenta un color grisáceo, combinación de la transparencia del cuarzo (granos con aspecto vítreo), el blanco de la ortosa, ligeramente opaco y tabular, que pueden dar lugar a caras planas, el negro de la mica, cristales hojosos, con brillo; y la hornblenda también es negra que suele ser difícil de distinguir a simple vista de la biotita.

Es una roca holocristalina, equigranular (de tamaño de cristales similares). Los cristales se pueden distinguir a simple vista con un tamaño medio a grueso, incluso en el microgramito.

Tiene un tacto rugoso.

Componentes mineralógicos

Sus minerales esenciales son el cuarzo, el feldespato ortosa y la biotita (mica negra). Algunos granitos pueden presentar también moscovita (mica blanca).

Otros minerales presentes son plagioclasas, hornblenda, apatito, esfena, circón y magnetita.

Textura

Granítica o microgranítica, con cristales visibles e identificables a simple vista.

Pueden presentar inclusiones de minerales oscuros con textura microgranítica formando zonas diferenciadas que reciben el nombre de *gabarros*.

Ambiente genético

Suelen conformar grandes masas que reciben el nombre de *plutón* y constituyen el núcleo de los grandes sistemas montañosos. Se consolidan en profundidad y con mucha lentitud, aflorando posteriormente por la erosión de los materiales suprayacentes.

Observaciones

- **Aplicaciones en Ingeniería Civil:** se utiliza abundantemente en la construcción gracias a la resistencia del material y su aguante a la meteorización. Tradicionalmente es llamado *piedra berroqueña*.

  Cortada en bloques regulares se utiliza como pavimento y por trituración se obtienen áridos y arenas naturales.

- **Yacimientos en España:** se encuentran extensamente repartidos por toda la península: Galicia, León, Pirineos, Ávila, Segovia, Madrid, Cáceres y Badajoz.

- **Rocas semejantes con las que se pueden confundir:** con el gneis.

Fotografía Laboratorio Geología ETSIC (UPM)

Descripción

Presenta un color grisáceo, combinación de la transparencia del cuarzo (granos con aspecto vítreo), el blanco de la ortosa, ligeramente opaco y tabular, que pueden dar lugar a caras planas, el negro de la mica, cristales hojosos, con brillo; y la hornblenda también es negra y suele ser difícil de distinguir a simple vista de la biotita.

Roca holocristalina, que presenta una cierta lineación, debido a la disposición de los cristales de biotita en finas bandas. Los cristales se pueden distinguir a simple vista con un tamaño medio a grueso.

Su tacto es rugoso.

Componentes mineralógicos

Sus minerales esenciales son el cuarzo, el feldespato ortosa y la biotita (mica negra). Algunos granitos pueden presentar también moscovita (mica blanca), recibiendo el término de *leucogranito*.

Otros minerales presentes son plagioclasas, hornblenda, apatito, esfena, circón y magnetita.

Textura

Granítica o microgranítica, con cristales visibles e identificables a simple vista.

Pueden presentar inclusiones de minerales oscuros con textura microgranítica formando zonas diferenciadas que reciben el nombre de *gabarros*.

Ambiente genético

Suelen conformar grandes masas que reciben el nombre de *plutón* y constituyen el núcleo de los grandes sistemas montañosos. Se consolidan en profundidad y con mucha lentitud, aflorando posteriormente por la erosión de los materiales suprayacentes.

Observaciones

- **Aplicaciones en Ingeniería Civil:** se utiliza en la construcción gracias a la resistencia del material y su aguante a la meteorización.

  Cortada en bloques regulares se utiliza como pavimento y por trituración se obtienen áridos y arenas naturales.

- **Yacimientos en España:** se encuentran extensamente repartidos por toda la península: Galicia, León, Pirineos, Ávila, Segovia, Madrid, Cáceres y Badajoz.

- **Rocas semejantes con las que se pueden confundir:** con el gneis; la alineación solo se aprecia en las micas.

Fotografía cortesía del IGME

Descripción

El reconocimiento de un pórfido es fácil por la presencia de fenocristales de feldespato potásico, en una matriz de microcristales formada durante un proceso de enfriamiento relativamente rápido.

El ejemplar de la fotografía se trata de una roca de la familia del granito, holocristalina (totalmente cristalizada) y leucocrata (colores claros de tonos suaves) debido a la abundante presencia de minerales félsicos como feldespatos y feldespatoides. Los cristales se siguen distinguiendo a simple vista.

Su tacto es rugoso.

Componentes mineralógicos

Sus minerales esenciales son el cuarzo, feldespato ortosa y la mica biotita (mica negra). Algunos granitos pueden presentar también mica moscovita (mica blanca).

Otros minerales presentes son plagioclasas, hornblenda, apatito, esfena, circón y magnetita.

Textura

Presenta textura porfídica en forma de grandes cristales (fenocristales) de feldespato potásico, flotando en una masa de microcristales.

Ambiente genético

Formado en filones o en zonas marginales de un plutón granítico. Se consolidan en profundidad y con mucha lentitud, aflorando posteriormente por la erosión de los materiales suprayacentes.

Observaciones

- **Aplicaciones en Ingeniería Civil:** se utiliza abundantemente en la construcción gracias a la resistencia del material y su aguante a la meteorización. Tradicionalmente es llamado *piedra berroqueña.*

  Cortada en bloques regulares se utiliza como pavimento y por trituración se obtienen áridos y arenas naturales.

- **Yacimientos en España:** se encuentran extensamente repartidos por toda la península: Galicia, León, Pirineos, Ávila, Segovia, Madrid, Cáceres y Badajoz.

- **Rocas semejantes con las que se pueden confundir:** se puede confundir fácilmente con cualquier granito. La diferencia estriba en la presencia de fenocristales de feldespato potásico.

Fotografía Laboratorio Geología ETSIC (UPM)

Descripción

En ocasiones, la ortosa posee una tonalidad rosada que la transmite a toda la roca. Este aspecto no implica variaciones en las características del granito, salvo a efectos ornamentales, por lo que todas las características y aplicaciones son las mismas que en un granito gris.

El ejemplar de la fotografía se trata de una roca de la familia del granito, holo-cristalina (totalmente cristalizada) y *leucocrata* (colores claros de tonos suaves) debido a la abundante presencia de minerales félsicos como feldespatos y feldespa-toides. Los cristales se siguen distinguiendo a simple vista.

Tacto rugoso.

Componentes mineralógicos

Sus minerales esenciales son el cuarzo, el feldespato ortosa y la mica biotita (mica negra).

Otros minerales presentes son plagioclasas, hornblenda, apatito, esfena, circón y magnetita.

Textura

Granítica, con cristales visibles e identificables a simple vista.

Pueden presentar inclusiones de minerales oscuros con textura microgranítica formando zonas diferenciadas que reciben el nombre de *gabarros*.

Ambiente genético

Suelen conformar grandes masas que reciben el nombre de *plutón* y constituyen el núcleo de los grandes sistemas montañosos. Se consolidan en profundidad y con mucha lentitud, aflorando posteriormente por la erosión de los materiales suprayacentes.

Observaciones

- **Aplicaciones en Ingeniería Civil:** se utiliza abundantemente en la construcción gracias a la resistencia del material y su aguante a la meteorización. Cortada en bloques regulares, como pavimento.

- **Yacimientos en España:** se encuentran extensamente repartidos por toda la Península: Galicia, León, Pirineos, Ávila, Segovia, Madrid, Cáceres y Badajoz.

- **Rocas semejantes con las que se pueden confundir:** se puede confundir fácilmente con la sienita. La diferencia estriba en el contenido en cuarzo, que en el caso de la sienita es inferior al 5%.

Fotografía Laboratorio Geología ETSIC (UPM)

Descripción

En este ejemplar, la alteración del granito es química por acción del agua que oxida los minerales ferromagnesianos (micas) y transforma la ortosa en arcilla (caolín) con lo que, al progresar la alteración, la roca adquiere un tono pardo y termina disgregándose y convirtiéndose en una arena gruesa en la que pueden encontrarse núcleos de roca que conservan la textura y estructura de la roca original.

Los cristales se siguen distinguiendo a simple vista. Tacto rugoso muy patente.

Componentes mineralógicos

Sus minerales esenciales son el cuarzo, el feldespato ortosa y la mica biotita (mica negra).

Otros minerales presentes son plagioclasas, hornblenda, apatito, esfena, circón y magnetita.

Textura

Granítica, con cristales visibles e identificables a simple vista.

Ambiente genético

La roca original suele conformar grandes masas que reciben el nombre de *plutón* y constituyen el núcleo de los grandes sistemas montañosos. Se consolidan en profundidad y con mucha lentitud, aflorando posteriormente por la erosión de los materiales suprayacentes.

La alteración del plutón granítico se produce en la superficie a través de las discontinuidades existentes (fallas, fracturas y diaclasas), favoreciendo la circulación del agua y la decoloración de la matriz rocosa por oxidación.

Observaciones

- **Aplicaciones en Ingeniería Civil:** por trituración para la obtención de áridos y arenas naturales.

   Las características geomecánicas de la roca quedan muy disminuidas en función del grado de alteración.

- **Yacimientos en España:** se encuentran extensamente repartidos por toda la Península: Galicia, León, Pirineos, Ávila, Segovia, Madrid, Cáceres y Badajoz.

- **Rocas semejantes con las que se pueden confundir:** no se proponen.

Fotografía Laboratorio Geología ETSIC (UPM)

Descripción

En el ejemplar de la fotografía, la alteración del granito es muy patente. La roca se ha convertido en suelo que conserva la textura de la roca original.

La roca adquiere un tono pardo y termina disgregándose y convirtiéndose en una arena gruesa.

Componentes mineralógicos

Sus minerales esenciales son el cuarzo (que tiende a tener una tonalidad acaramelada), el feldespato ortosa y la mica biotita (mica negra).

Textura

Granítica, con cristales visibles e identificables a simple vista a pesar de estar transformados y alterados.

Ambiente genético

La roca original suele conformar grandes masas que reciben el nombre de *plutón* y constituyen el núcleo de los grandes sistemas montañosos. Se consolidan en profundidad y con mucha lentitud, aflorando posteriormente por la erosión de los materiales suprayacentes.

La alteración del plutón granítico se produce en la superficie a través de las discontinuidades existentes (fallas, fracturas y diaclasas), favoreciendo la circulación del agua y la decoloración de la matriz rocosa por oxidación.

Observaciones

- **Aplicaciones en Ingeniería Civil:** para la obtención de áridos y arenas naturales.

  Las características geomecánicas de la roca quedan muy disminuidas y su comportamiento se asemeja a un suelo más que a una roca.

- **Yacimientos en España:** se encuentran extensamente repartidos por toda la Península: Galicia, León, Pirineos, Ávila, Segovia, Madrid, Cáceres y Badajoz.

- **Rocas semejantes con las que se pueden confundir:** no se proponen.

Curiosidades

Al granito así alterado se le conoce localmente con el término de *Jabre* o de *Xabre*.

Fotografía Laboratorio Geología ETSIC (UPM)

Descripción

Es una roca de tonalidad clara (leucocrática), y coloración rosada debido a la presencia de abundantes exoluciones de hematites en el feldespato potásico.

Estructura densa de grano medio. Los cristales se siguen distinguiendo a simple vista, dando lugar a una estructura muy densa.

Presenta un tacto rugoso.

Componentes mineralógicos

Sus minerales esenciales son los feldespatos alcalinos, sódicos, potásicos y sódico-potásicos.

Como minerales accesorios presenta cuarzo (en una proporción inferior al 5%), hornblenda, biotita, augita, egirina, zircón, esfena y apatito.

Textura

Granítica, holocristalina, fanerítica y con cristales visibles e identificables a simple vista y equigranular.

Ambiente genético

Formadas a partir de magmas básicos por diferenciación, conformando la parte más diferenciada de los plutones. Frecuentemente ligadas a ambientes tectónicos.

Observaciones

- **Aplicaciones en Ingeniería Civil:** muy empleada en edificación a modo de losas pulidas, por su gran efecto decorativo. Para la construcción, posee unas características superiores al granito rosado, ya que tiene propiedades resistentes al fuego y mayor densidad.

- **Yacimientos en España:** se encuentra ligada al granito y por tanto, presenta una distribución geográfica similar: Pirineos, Sierra de Gredos, Sierra de Guadarrama, Galicia, León, Zamora, Salamanca y Extremadura.

- **Rocas semejantes con las que se pueden confundir:** se puede confundir fácilmente con el granito. La diferencia estriba en el contenido en cuarzo, que en el caso de la sienita es inferior al 5%.

Curiosidades

Su nombre proviene de Siena (actualmente Asuán. Egipto).

Fotografía cortesía del IGME

Descripción

Es una roca de tonalidad clara (leucocrática), y coloración grisácea, debido a la presencia de ortoclasa de tonalidades blanquecinas.

Estructura densa de grano medio. Los cristales se siguen distinguiendo a simple vista, dando lugar a una estructura muy densa.

Presenta un tacto rugoso.

Componentes mineralógicos

Sus minerales esenciales son los feldespatos alcalinos, sódicos, potásicos y sódico-potásicos.

Como minerales accesorios presenta cuarzo (en una proporción inferior al 5%), hornblenda, biotita, augita, egirina, zircón, esfena y apatito.

Textura

Granítica, holocristalina, fanerítica y con cristales visibles e identificables a simple vista y equigranular.

Ambiente genético

Formadas a partir de magmas básicos por diferenciación, conformando la parte más diferenciada de los plutones. Frecuentemente ligadas a ambientes tectónicos.

Observaciones

- **Aplicaciones en Ingeniería Civil:** muy empleada en edificación a modo de losas pulidas, por su gran efecto decorativo. Para la construcción, posee unas características superiores al granito, ya que tiene propiedades resistentes al fuego y mayor densidad.

- **Yacimientos en España:** se encuentra ligada al granito y por tanto, presenta una distribución geográfica similar: Pirineos, Sierra de Gredos, Sierra de Guadarrama, Galicia, León, Zamora, Salamanca y Extremadura.

- **Rocas semejantes con las que se pueden confundir:** se puede confundir fácilmente con el granito. La diferencia estriba en el contenido en cuarzo, que en el caso de la sienita es inferior al 5%.

Curiosidades

Su nombre proviene de Siena (actualmente Asuán, Egipto).

ROCAS ÍGNEAS

ROCAS FILONIANAS

9. Aplita rosa.
10. Aplita gris.
11. Ofita.
12. Diabasa.
13. Pórfido granítico.
14. Pórfido.
15. Pórfido gravoide.
16. Pegmatita feldespática.
17. Pegmatita cuarcífera.

Fotografía cortesía del IGME

Descripción

Presenta un color rosáceo. Se trata de una roca de la familia del granito, holocristalina (totalmente cristalizada) y de tonalidad rosácea, con una estructura densa.

Roca holocristalina, equigranular (de tamaño de cristales similares). Los cristales no se pueden distinguir a simple vista, con un tamaño fino.

Tacto rugoso.

Componentes mineralógicos

Se caracterizan porque son pobres en minerales ferromagnesianos.

Los minerales esenciales que la componen son el cuarzo, los feldespatos alcalinos y la biotita, aunque en ocasiones presenta concentraciones de moscovita (mica blanca).

Textura

Aplítica, de grano fino a muy fino. Es equigranular, sacaroidea con tamaño de cristales menores a 1 mm, (circunstancia que provoca en muchas ocasiones sean difíciles de distinguir a simple vista).

Ambiente genético

A partir del enfriamiento del magma que asciende a la superficie rellenando las fracturas existentes en la corteza terrestre y formando los filones.

Observaciones

- **Aplicaciones en Ingeniería Civil:** se utiliza frecuentemente como balasto.

- **Yacimientos en España:** es común en todas las regiones graníticas como Galicia, León, Pirineos y Sierra de Guadarrama.

- **Rocas semejantes con las que se pueden confundir:** con el granito rosado o con una sienita. La diferencia estriba en el tamaño de los cristales. El tamaño medio de los cristales, caso de una aplita, es del orden de 1 mm.

Fotografía Laboratorio Geología ETSIC (UPM)

Descripción

Presenta un color grisáceo. Se trata de una roca de la familia del granito, holocristalina (totalmente cristalizada) y tonalidad grisácea, leucocrática y con una estructura densa.

Roca holocristalina, equigranular (de tamaño de cristales similares). Los cristales no se pueden distinguir a simple vista, con un tamaño fino.

Tiene un tacto rugoso.

Componentes mineralógicos

Se caracterizan porque son pobres en minerales ferromagnesianos.

Los minerales esenciales que la forman son el cuarzo, los feldespatos alcalinos y la biotita, aunque en ocasiones presenta concentraciones de moscovita (mica blanca).

Textura

Aplítica, de grano fino a finísimo. Es equigranular, sacaroidea con tamaño de cristales menores a 1 mm, (circunstancia que provoca en muchas ocasiones sean difíciles de distinguir a simple vista).

Ambiente genético

A partir del enfriamiento del magma que asciende a la superficie rellenando las fracturas existentes en la corteza terrestre y formando los filones.

Observaciones

- **Aplicaciones en Ingeniería Civil:** se utiliza frecuentemente como balasto.

- **Yacimientos en España:** es común en todas las regiones graníticas como Galicia, León, Pirineos y Sierra de Guadarrama.

- **Rocas semejantes con las que se pueden confundir:** con el granito gris o con una sienita. La diferencia estriba en el tamaño de los cristales. El tamaño medio de los cristales, caso de una aplita, es del orden de 1 mm.

Fotografía Laboratorio Geología ETSIC (UPM)

Descripción

Roca de color oscuro entre verde y negro tornándose a pardo, cuando se encuentra meteorizada. Estructura densa y con fractura concoidea.

Es muy frecuente una tonalidad verdosa provocada por la alteración del piroxeno en clorita.

Su tacto es rugoso.

Componentes mineralógicos

Sus minerales esenciales son la plagioclasa (labradorita), el olivino y el piroxeno.

Como accesorios se encuentran la serpentina, la calcita y la clorita.

Textura

Es una textura holocristalina, hipidiomorfa, inequigranular, en general, de grano fino-medio. Frecuentemente porfídica, caracterizada por una pasta vítrea de fondo ofítica.

Ambiente genético

En grandes filones de potencias muy variadas, en unas condiciones de baja presión y temperatura moderada. También en forma de diques y enclaves.

Observaciones

- **Aplicaciones en Ingeniería Civil:** se utiliza frecuentemente como balasto y para la obtención de áridos.

- **Yacimientos en España:** Cantabria, Burgos, Álava, Navarra, Aragón y Murcia.

- **Rocas semejantes con las que se pueden confundir:** en el caso de ofitas de tonalidad verdosa, puede confundirse con la serpentina o serpentinita. La diferencia estriba en que en el caso de la serpentina, el brillo es céreo y el tacto untuoso debido al talco.

Fotografía cortesía del IGME

Descripción

Presenta un color oscuro entre verde y negro, tornándose a pardo cuando se encuentra meteorizada. Tiene una estructura densa y con fractura concoidea.

Es muy frecuente una tonalidad verdosa provocada por la alteración del piroxeno en clorita.

Su tacto es rugoso.

Componentes mineralógicos

Sus minerales esenciales son la plagioclasa (labradorita), el olivino y el piroxeno.

Como accesorios se encuentran la serpentina, la calcita y la clorita.

Textura

Es una textura holocristalina, hipidiomorfa, inequigranular, en general, de grano fino-medio. Frecuentemente porfídica, caracterizada por una pasta vítrea de fondo ofítica.

Ambiente genético

En grandes filones de potencias muy variadas. También en forma de diques y enclaves.

Observaciones

- **Aplicaciones en Ingeniería Civil:** se utiliza frecuentemente como balasto y para la obtención de áridos.

- **Yacimientos en España:** Cantabria, Burgos, Álava, Navarra, Aragón y Murcia.

- **Rocas semejantes con las que se pueden confundir:** no se proponen.

Fotografía Laboratorio Geología ETSIC (UPM)

Descripción

El término *pórfido* suele aplicarse a rocas que presentan textura porfídica con feno-cristales félsicos (claros), reservando el nombre de *lamprófidos* a las que presentan fenocristales oscuros (máficos).

El ejemplar de la fotografía es fácil de reconocer por la presencia de cristales embutidos en una matriz vítrea de tonalidad pardo verdosa, a pesar que puede ser problemático el añadirle el adjetivo de granítico. En este caso se ha optado por este adjetivo debido a una cierta similitud de apariencia con el granito. Tacto rugoso.

Componentes mineralógicos

Sus minerales esenciales son el cuarzo y los feldespatos.

Textura

Es una textura porfídica, caracterizada por una pasta vítrea de fondo.

Ambiente genético

En forma de diques y enclaves en bordes de plutones graníticos.

Observaciones

- **Aplicaciones en Ingeniería Civil:** se utiliza frecuentemente como balasto y para la obtención de áridos.

- **Yacimientos en España:** Galicia, León, Pirineos y Sierra de Guadarrama.

- **Rocas semejantes con las que se pueden confundir:** no se proponen.

Fotografía Laboratorio Geología ETSIC (UPM)

Descripción

El término *pórfido* suele aplicarse a rocas que presentan textura porfídica con fenocristales félsicos, reservando el nombre de *lamprófidos* a los que presentan fenocristales oscuros (máficos).

El reconocimiento como pórfido del ejemplar de la fotografías es fácil debido a la presencia de cristales embutidos en una matriz vítrea de tonalidad pardo-verdosa.

Presenta un tacto rugoso.

Componentes mineralógicos

Sus minerales esenciales son el cuarzo y los feldespatos.

Textura

Es una textura porfídica, caracterizada por una pasta vítrea de fondo.

Ambiente genético

En forma de diques y enclaves en bordes de plutones graníticos.

Observaciones

- **Aplicaciones en Ingeniería Civil:** se utiliza frecuentemente como balasto y para la obtención de áridos.

- **Yacimientos en España:** Galicia, León, Pirineos y Sierra de Guadarrama.

- **Rocas semejantes con las que se pueden confundir:** no se proponen.

Fotografía cortesía del IGME

Descripción

Se caracteriza por la presencia de fenocristales, en una matriz vítrea de tonalidad gris.

El ejemplar de la fotografía, presenta fenocristales tabulares de feldespatos.

Su tacto es rugoso.

Componentes mineralógicos

Sus minerales esenciales son el cuarzo y los feldespatos alcalinos, aunque en ocasiones presenta concentraciones de moscovita (mica blanca).

Textura

Presenta textura porfídica muy marcada (fenocristales, flotando en una masa vítrea o pasta amorfa).

Ambiente genético

Formados a partir de magmas enfriados en filones, dentro de las rocas plutónicas.

Observaciones

- **Aplicaciones en Ingeniería Civil:** son rocas tenaces y resistentes, muy empleadas en la construcción y edificación para la elaboración de bloques y láminas para pavimentos y revestimientos.

- **Yacimientos en España:** en Pontevedra, Orense, Sierra de Guadarrama en Madrid, Sierra de la Albarrana en Córdoba y Pereña-Peña en Salamanca.

- **Rocas semejantes con las que se pueden confundir:** no se proponen.

Fotografía cortesía del IGME

Descripción

Se trata de una roca de la familia del granito, holocristalina, es decir, totalmente cristalizada.

Su tonalidad muy clara (leucocrática) con tonos muy variables y siempre suaves debido a la abundante presencia de minerales félsicos como feldespatos y feldespatoides.

Los cristales se siguen distinguiendo a simple vista, frecuentemente automorfos.

Su tacto es rugoso.

Componentes mineralógicos

Sus minerales esenciales son el cuarzo, los feldespatos cálcicos, las plagioclasas y la biotita.

En ocasiones presenta concentraciones de moscovita (mica blanca). En otras presenta grandes cristales de turmalina.

Textura

La textura es función del grado de compenetración de los grandes cristales cuyo tamaño oscila entre los 2 cm, y los 30 cm o incluso, más (fenocristales).

Ambiente genético

En forma de diques asociada, por lo general, a granitoides o a migmatitas.

Formada en grandes filones asociados a los plutones.

Observaciones

- **Aplicaciones en Ingeniería Civil:** se utiliza como materia prima feldespática para la industria del vidrio, de la cerámica y del cemento.

- **Yacimientos en España:** en Pontevedra, Orense, Sierra de Guadarrama en Madrid, Sierra de la Albarrana en Córdoba, Pereña-Peña en Salamanca.

- **Rocas semejantes con las que se pueden confundir:** no se proponen.

Curiosidades

Vocablo que proviene del griego *"pêgma"*, que significa que *"se ha sido unido o coagulado"*.

Fotografía Laboratorio Geología ETSIC (UPM)

Descripción

Se trata de una roca de la familia del granito, holocristalina, es decir, totalmente cristalizada.

Su tonalidad es muy clara (leucocrática) con tonos muy variables y siempre suaves debido a la abundante presencia de minerales félsicos como feldespatos y feldespatoides.

Los cristales se siguen distinguiendo a simple vista, frecuentemente automorfos.

Su tacto es rugoso.

Componentes mineralógicos

Sus minerales esenciales son el cuarzo, los feldespatos cálcicos, las plagioclasas y la biotita.

En ocasiones presenta concentraciones de moscovita (mica blanca). En otras presenta grandes cristales de turmalina.

Textura

La textura es función del grado de compenetración de los grandes cristales cuyo tamaño oscila entre los 2 cm, y los 30 cm, o incluso más (fenocristales).

Ambiente genético

En forma de diques asociada, por lo general, a granitoides o a migmatitas.

Formada en grandes filones asociados a los plutones.

Observaciones

- **Aplicaciones en Ingeniería Civil:** se utiliza como materia prima feldespática para la industria del vidrio, de la cerámica y del cemento.

- **Yacimientos en España:** en Pontevedra, Orense, Sierra de Guadarrama en Madrid, Sierra de la Albarrana en Córdoba y Pereña-Peña en Salamanca.

- **Rocas semejantes con las que se pueden confundir:** no se proponen.

Curiosidades

Vocablo que proviene del griego *"pêgma"*, que significa que *"se ha sido unido o coagulado"*.

ROCAS ÍGNEAS

ROCAS VOLCÁNICAS

18. Basalto.
19. Basalto vacuolar.
20. Basalto almohadillado.
21. Andesita.
22. Traquita.
23. Fonolita masiva.
24. Fonolita lajada.
25. Brecha volcánica.
26. Toba volcánica.
27. Toba pumítica.
28. Pumita.
29. Escoria volcánica.
30. Escoria volcánica alterada.
31. Lapilli basáltico.
32. Bomba volcánica.
33. Obsidiana.

Fotografía Laboratorio Geología ETSIC (UPM)

Descripción

Son rocas de tonalidades negras o muy oscuras (melanocrática). Cuando se encuentra meteorizadas se tornan, por oxidación, a tonalidades pardas y pardo-anaranjadas.

Es una roca pesada y de apariencia masiva y compacta.

Su tacto es un poco áspero y la fractura concoidea.

Componentes mineralógicos

Sus minerales esenciales son la plagioclasa (labradorita) y el piroxeno (augita e hiperstena).

Como minerales accesorios presentan olivino (en forma de cristales verdosos), magnetita, hematites, apatito y cuarzo.

Textura

Desde porfídica, vacuolar, almohadillada, hasta completamente vítrea.

Ambiente genético

Constituye la roca volcánica más común, en forma de grandes extensiones de coladas superpuestas. Muy extensas e importantes son las coladas submarinas formadas en las dorsales oceánicas, que representan la separación física entre placas continentales. Los basaltos así generados poseen siempre estructuras almohadilladas (*pillow*).

Observaciones

- **Aplicaciones en Ingeniería Civil:** se utilizan como balasto y también para la pavimentación de calles en forma de adoquinado.

- **Yacimientos en España:** Gerona, Ciudad Real e Islas Canarias.

- **Rocas semejantes con las que se pueden confundir:** no se proponen.

Curiosidades

Durante el primer cuarto del siglo XX, las explotaciones existentes en los Campos de Calatrava (Ciudad Real), sirvieron apara adoquinar las principales ciudades españolas (aún se puede apreciar en el casco antiguo de Madrid el adoquinado original cuando se realizan labores propias del mantenimiento de las calles) e incluso, se exportaron a las principales capitales europeas (Berlín, Viena, etc.).

Fotografía cortesía del IGME

Descripción

Son rocas de tonalidades negras o muy oscuras (melanocrática). Cuando se encuentra meteorizadas se tornan, por oxidación, a tonalidades pardas y pardo-anaranjadas.

Es una roca pesada y de apariencia oquerosa.

Presenta un tacto muy áspero.

Componentes mineralógicos

Sus minerales esenciales son la plagioclasa (labradorita) y el piroxeno (augita e hiperstena).

Como minerales accesorios presenta olivino (en forma de cristales verdosos), magnetita, hematites, apatito y cuarzo.

Textura

Vacuolar, y completamente vítrea.

Ambiente genético

Constituye la roca volcánica más común, en forma de grandes extensiones de coladas superpuestas. Muy extensas e importantes son las coladas submarinas formadas en las dorsales oceánicas, que representan la separación física entre placas continentales.

Los basaltos así generados poseen siempre estructuras almohadilladas (*pillow*).

Observaciones

- **Aplicaciones en Ingeniería Civil:** se utiliza como balasto y también para la pavimentación de calles en forma de adoquinado.

- **Yacimientos en España:** Gerona, Ciudad Real e Islas Canarias.

- **Rocas semejantes con las que se pueden confundir:** no se proponen.

Fotografía Laboratorio Geología ETSIC (UPM)

Descripción

Son rocas de tonalidades negras o muy oscuras (melanocrática). Cuando se encuentra meteorizadas se tornan, por oxidación, a tonalidades pardas y pardo-anaranjadas, como la muestra de la fotografía.

Es una roca pesada.

Tacto áspero.

Componentes mineralógicos

Sus minerales esenciales son la plagioclasa (labradorita) y el piroxeno (augita e hiperstena).

Como minerales accesorios presenta olivino (en forma de cristales verdosos), magnetita, hematites, apatito y cuarzo.

Textura

Almohadillada y completamente vítrea.

Ambiente genético

Constituye la roca volcánica más común, en forma de grandes extensiones de coladas superpuestas. Muy extensas e importantes son las coladas submarinas formadas en las dorsales oceánicas, que representan la separación física entre placas continentales.

Los basaltos así generados poseen siempre estructuras almohadilladas (*pillow*).

Observaciones

- **Aplicaciones en Ingeniería Civil:** sin aplicación específica.

- **Yacimientos en España:** Gerona, Ciudad Real e Islas Canarias.

- **Rocas semejantes con las que se pueden confundir:** no se proponen.

Fotografía Laboratorio Geología ETSIC (UPM)

Descripción

Es una roca de tonalidad parda a negra y verdosa, masa de grano muy fino a vítreo, con inclusiones de hornblenda que descansan en una matriz vítrea.

Presenta una estructura densa.

Su tacto es áspero y rugoso.

Componentes mineralógicos

Sus minerales esenciales son el piroxeno, la hornblenda y la plagioclasa.

Textura

Marcadamente porfídica.

Ambiente genético

Ligada a zonas con una importante actividad tectónica asociadas a basaltos, en concreto por fusión de la corteza oceánica en zonas de subducción, formando coladas cortas en longitud, que alcanzan grandes espesores y también formando domos.

Observaciones

- **Aplicaciones en Ingeniería Civil:** localmente como material de construcción.

- **Yacimientos en España:** Cabo de Gata (Almería).

- **Rocas semejantes con las que se pueden confundir:** no se proponen.

Fotografía Laboratorio Geología ETSIC (UPM)

Descripción

Roca de tonalidad parda a verdosa, masa de grano muy fino a vítreo, con inclusiones de cristales de feldespatos albita y hornblenda que descansan en una matriz vítrea de tonalidad más clara.

Su tacto es áspero y rugoso.

Componentes mineralógicos

Sus minerales esenciales son los feldespatos sódico-potásicos, la albita y la hornblenda. Más raramente se encuentran la biotita y los piroxenos.

No presenta cuarzo.

Textura

Holocristalina a hipocristalina, rara vez vítrea, con matriz afanítica.

Ambiente genético

Las traquitas aparecen principalmente como flujos de lava de pequeña extensión, debido a su alta viscosidad, o como pequeños diques.

Observaciones

- **Aplicaciones en Ingeniería Civil:** localmente como material de construcción.

- **Yacimientos en España:** Canarias, Murcia y Pirineo Aragonés.

- **Rocas semejantes con las que se pueden confundir:** no se proponen.

Curiosidades

Su nombre procede del vocablo griego "*tracos*" que significa "*áspero* o *rugoso*".

Fotografía cortesía del IGME

Descripción

Roca de tonalidades verdosas y grises, generalmente oscura y de grano fino, con brillo graso por el efecto de la nefelina.

Presenta fractura concoidea y se disgrega en lajas o placas finas.

Su tacto es poco áspero.

Componentes mineralógicos

Sus minerales esenciales son los feldespatos sódicos, los feldespatoides y los anfíboles.

Como minerales accesorios se encuentran la albita, la augita, el apatito, la leucita, la sodalita y la ceolita.

Textura

Marcadamente porfídica, en ocasiones vítrea.

Ambiente genético

Constituye la roca volcánica asociada a basaltos alcalinos en las islas oceánicas (archipiélago de Canarias), y en zonas volcanotectónicas.

Observaciones

- **Aplicaciones en Ingeniería Civil:** de forma masiva se emplea localmente como material de construcción.

- **Yacimientos en España:** Islas Canarias. La caldera del pico del Teide (con un diámetro del orden de los 800 m) está conformada fundamentalmente por fonolitas.

- **Rocas semejantes con las que se pueden confundir:** no se proponen.

Curiosidades

El nombre *fonolita* proviene del griego *"phonê"*, que significa *"voz"*, y *"lithos"*, que significa *"piedra"*. Literalmente sería *piedra sonora* por el sonido metálico que produce si golpea una laja no fracturada.

Fotografía Laboratorio Geología ETSIC (UPM)

Descripción

Roca de tonalidades verdosas y grises, generalmente oscura y de grano fino, con brillo graso por el efecto de la nefelina.

Presenta fractura concoidea y se disgrega en lajas o placas finas.

Su tacto es poco áspero.

Componentes mineralógicos

Sus minerales esenciales son los feldespatos sódicos, los feldespatoides y los anfíboles.

Como minerales accesorios presenta la albita, la augita, el apatito, la leucita, la sodalita y la ceolita.

Textura

Marcadamente porfídica, en ocasiones vítrea.

Ambiente genético

Constituye la roca volcánica asociada a basaltos alcalinos en las islas oceánicas (archipiélago de Canarias), y en zonas volcanotectónicas.

Observaciones

- **Aplicaciones en Ingeniería Civil:** su fácil disgregación en placas hace que sean empleadas localmente para la pavimentación y para cubrir techos.

- **Yacimientos en España:** Islas Canarias. La caldera del Teide, con un cráter de 800 metros de diámetro, está conformada fundamentalmente por fonolitas.

- **Rocas semejantes con las que se pueden confundir:** no se proponen.

Curiosidades

El nombre *fonolita* proviene del griego *"phonê"*, que significa *"voz"*, y *"lithos"*, que significa *"piedra"*. Literalmente sería *piedra sonora* por el sonido metálico que produce si golpea una laja no fracturada.

Fotografía Laboratorio Geología ETSIC (UPM)

Descripción

Es una roca de tonalidad parda a verdosa, conformada por un aglomerado de fragmentos de rocas volcánicas en una matriz fina y vítrea, de naturaleza también volcánica.

Su tacto es áspero.

Componentes mineralógicos

Muy variados, dependiendo de los materiales incorporados y el tipo de lava que forma la colada.

Textura

Brechoide.

Ambiente genético

Se forman como consecuencia de flujos de lava que incorporan fragmentos de rocas preexistentes.

Observaciones

- **Aplicaciones en Ingeniería Civil:** sin aplicación específica.

- **Yacimientos en España:** Canarias y Campo de Calatrava (Ciudad Real).

- **Rocas semejantes con las que se pueden confundir:** no se proponen.

Fotografía Laboratorio Geología ETSIC (UPM)

Descripción

Roca de tonalidad clara. Conformada por fragmentos de lava unidos por cenizas y materiales finos.

Tiene una baja dureza. Se puede rallar con facilidad y presenta una densidad baja.

Su tacto es áspero y rugoso.

Componentes mineralógicos

Muy variados, dependiendo de los materiales incorporados y el tipo de lava que forma la colada.

Textura

Marcadamente porfídica.

Ambiente genético

Se forman como consecuencia de flujos de lava que incorporan cenizas volcánicas.

Observaciones

- **Aplicaciones en Ingeniería Civil:** sin aplicación específica.

- **Yacimientos en España:** Islas Canarias y Campo de Calatrava (Ciudad Real).

- **Rocas semejantes con las que se pueden confundir:** con la pumita, su aspecto no oqueroso, unido a la presencia de cenizas volcánicas la diferencia de esta.

Fotografía cortesía del IGME

Descripción

Es una roca de tonalidad clara con colores que oscilan entre el amarillo y el blanco.

Se presenta como una masa vítrea muy porosa en forma de vacuolas que pueden incluso disponerse con una orientación muy definida según el flujo. Es ligera, pudiendo flotar en el agua.

Tiene una dureza media.

Su tacto es rugoso.

Rocas ígneas volcánicas **89**

Componentes mineralógicos

Vidrio volcánico y ácido traquítico-fonolítico.

Textura

Marcadamente vítrea.

Ambiente genético

Las lluvias de pumita son comunes en las erupciones de tipo vesubiano, donde llegan a cubrir grandes extensiones de terreno.

Observaciones

- **Aplicaciones en Ingeniería Civil:** triturada, se puede utilizar para la fabricación de morteros u hormigones de áridos ligeros, destinados a mejorar las condiciones térmicas y acústicas.

- **Yacimientos en España:** Islas Canarias y Ciudad Real.

- **Rocas semejantes con las que se pueden confundir:** con la toba volcánica.

Curiosidades:

También puede ser conocida como *puzolana*, haciendo referencia a su origen de *Pozzuoli*, en Italia.

Fotografía Laboratorio Geología ETSIC (UPM)

Descripción

Roca de tonalidad clara con colores que oscilan entre el amarillo y el blanco.

Masa vítrea muy porosa en forma de vacuolas que pueden, incluso, disponerse con una orientación muy definida según el flujo.

Ligera, pudiendo flotar en el agua.

Su tacto es rugoso.

Componentes mineralógicos

Vidrio volcánico y ácido traquítico-fonolítico.

Textura

Marcadamente vítrea.

Ambiente genético

Se forma a partir de fragmentos de lava viscosa (riolítica, dacítica o andesítica) que, proyectados en el aire por un volcán, sufren un enorme descenso de presión que produce una desgasificación y la formación de burbujas separadas por delgadas paredes de vidrio volcánico.

Las lluvias de pumita son comunes en las erupciones de tipo vesubiano, donde llegan a cubrir grandes extensiones de terreno.

Observaciones

- **Aplicaciones en Ingeniería Civil:** triturada, se puede utilizar para la fabricación de morteros u hormigones de áridos ligeros, destinados a mejorar las condiciones térmicas y acústicas.

- **Yacimientos en España:** Islas Canarias y Ciudad Real.

- **Rocas semejantes con las que se pueden confundir:** con la toba volcánica.

Curiosidades

Su nombre proviene del latín *"pumex"*. También puede ser conocida como puzolana, haciendo referencia a su origen de *Pozzuoli* en Italia.

Fotografía Laboratorio Geología ETSIC (UPM)

Descripción

Son fragmentos de lava de morfología muy irregular de tamaños superiores a los 6 cm.

Su tonalidad va desde el gris oscuro a negra en estado sano.

De estructura muy porosa.

Su tacto es muy áspero y rugoso.

Componentes mineralógicos

Basáltica o andesítica.

Textura

Vítrea.

Ambiente genético

Son fragmentos de lava con gases, que se han sido expulsados durante una emisión volcánica en un estado líquido a viscoso, enfriándose rápidamente en el exterior.

Observaciones

- **Aplicaciones en Ingeniería Civil:** localmente, como material de construcción.

- **Yacimientos en España:** Islas Canarias.

- **Rocas semejantes con las que se pueden confundir:** con lapilli; la diferencia de tamaño es la forma más eficiente para diferenciarla:

    Escoria volcánica: > 6 cm

    Lapilli: < 6 cm.:

Fotografía Laboratorio Geología ETSIC (UPM)

Descripción

Son fragmentos de lava de morfología muy irregular de tamaños superiores a los 6 cm.

Su tonalidad va desde el gris oscuro a negra en estado sano. Por meteorización (oxidación) se tiñen de óxidos, adquiriendo tonos ocres y amarillentos, como la muestra de la fotografía.

Su tacto es muy áspero y rugoso.

Componentes mineralógicos

Basáltica o andesítica.

Textura

Vítrea.

Ambiente genético

Son fragmentos de lava con gases, que se han sido expulsados durante una emisión volcánica en un estado líquido a viscoso, enfriándose rápidamente en el exterior.

Observaciones

- **Aplicaciones en Ingeniería Civil:** localmente, como material de construcción.

- **Yacimientos en España:** Islas Canarias.

- **Rocas semejantes con las que se pueden confundir:** con lapilli..

Fotografía cortesía del IGME

Descripción

Son fragmentos de lava de morfología muy irregular de tamaños comprendidos entre 2 mm y 6 cm.

Su tonalidad va desde el gris oscuro a negra en estado sano. Por meteorización (oxidación) se tiñen de óxidos, adquiriendo tonos ocres y amarillentos.

Presenta una estructura muy porosa.

Su tacto es áspero y rugoso.

Componentes mineralógicos

Cualquier material expulsado de manera explosiva por un volcán.

Textura

Vítrea.

Ambiente genético

En las erupciones o fases de erupciones magmáticas la liberación de gases en un magma, producto de descompresión cuando el magma se aproxima a la superficie terrestre, produce la fragmentación del material en partículas finas, fragmentos de roca volcánica que resultan del enfriamiento en el aire de porciones pequeñas de lava lanzadas, por explosiones, al exterior conjuntamente con gases.

Observaciones

- **Aplicaciones en Ingeniería Civil:** actualmente está en fase de estudio el empleo de cenizas volcánicas y escorias volcánicas, en vez del cemento.

- **Yacimientos en España:** Islas Canarias.

- **Rocas semejantes con las que se pueden confundir:** con la escoria volcánica.

Curiosidades

Lapilli proviene del latín y significa *"pequeñas piedras"*. En Canarias reciben el nombre de *picón*.

Su acumulación, igualmente llamada *lapilli* o *puzolana*, da generalmente lugar a capas no consolidadas.

Fotografía Laboratorio Geología ETSIC (UPM)

Descripción

Fragmentos de lava de morfología muy irregular, de tamaños comprendidos entre 2 mm y 6 cm.

Su tonalidad va desde gris oscuro a negro en estado sano. Por meteorización (oxidación) se tiñen de óxidos, adquiriendo tonos ocres y amarillentos como la muestra de al fotografía.

Su tacto es áspero.

Componentes mineralógicos

Cualquier material expulsado de manera explosiva por un volcán.

Textura

Su textura es vítrea.

Ambiente genético

En las erupciones o fases de erupciones magmáticas la liberación de gases en un magma, producto de descompresión cuando el magma se aproxima a la superficie terrestre, produce la fragmentación del material en partículas finas, fragmentos de roca volcánica que resultan del enfriamiento en el aire de porciones pequeñas de lava lanzadas, por explosiones, al exterior conjuntamente con gases.

Observaciones

- **Aplicaciones en Ingeniería Civil:** sin aplicación específica.

- **Yacimientos en España:** Islas Canarias y Ciudad Real.

- **Rocas semejantes con las que se pueden confundir:** no se proponen.

Fotografía cortesía del IGME

Descripción

Roca que va desde una de tonalidad negra a parda brillante.

Estructura densa, compacta y cristalina, traslucida a opaca y con fractura concoidea, lo que origina los bordes cortantes.

Su tacto es suave.

Componentes mineralógicos

Vidrio volcánico anhidro.

Como accesorios presenta minerales de hierro.

Textura

Su textura es cristalina, con escasísimos cristales y abundante polvo opaco dispuesto en zonas concéntricas.

Ambiente genético

Por rápido enfriamiento de un magma fluido, muy pobre en elementos volátiles.

Observaciones

- **Aplicaciones en Ingeniería Civil:** uso ornamental.

- **Yacimientos en España:** Islas Canarias y Ciudad Real.

- **Rocas semejantes con las que se pueden confundir:** no se proponen.

Curiosidades

En la Edad de Piedra y debido a la fractura concoidea, este tipo de roca fue muy utilizado para la fabricación de puntas de flecha.

Su nombre proviene de *"Obsius"*, personaje que según Plinio, habría descubierto esta roca.

ROCAS METAMÓRFICAS

34. Gneis.
35. Gneis alterado.
36. Gneis glandular.
37. Gneis glandular alterado.
38. Pizarra.
39. Pizarra con vetas de calcita.
40. Pizarra con calcopirita.
41. Pizarra algo meteorizada.
42. Pizarra meteorizada.
43. Pizarra fosilífera.
44. Filita en lajas.
45. Filita.
46. Esquisto micáceo. Micacita.
47. Esquisto estaurolítico.
48. Esquisto con granates.
49. Serpentina-serpentinita.
50. Cuarcita.
51. Cuarcita con oxidaciones.
52. Mármol.

ROCAS METAMÓRFICAS

Todas las rocas metamórficas se caracterizan por haberse formado en un ambiente endógeno.

En este ambiente, las variaciones mineralógicas, texturales, estructurales de las rocas metamórficas vienen controladas y condicionadas por la temperatura, presión o de ambas a la vez

Son rocas procedentes de otras rocas preexistentes (ígneas, sedimentarias e incluso metamórficas), en las que se han producido cambios químicos, mineralógicos y estructurales, por lo general en estado sólido, como respuesta a cambios de presión y temperatura.

A este proceso, mediante el cual las rocas modifican su textura, estructura y composición mineralógica, se le denomina metamorfismo y a las nuevas rocas formadas se denominan "rocas metamórficas".

Fotografía Laboratorio Geología ETSIC (UPM)

Descripción

Roca de tonalidad gris, algo más oscura que el granito. Es una roca inequigranular, de grano grueso a medio, que presenta una hojosidad no muy acentuada al alternar minerales félsicos (claros) y máficos (oscuros). Las franjas de tinte oscuro, son ricas en minerales ferromagnesianos, alternando con franjas claras de cuarzo y de feldespatos, éstos últimos abundantes y visibles a simple vista.

Su tacto es rugoso y astillado si el corte es transverso al bandeado, mientras que si es paralelo al bandeado resulta menos rugoso e incluso suave, si coincide con las micas.

Componentes mineralógicos

Como minerales más comunes se encuentran el cuarzo, el feldespato (ortoclasa, microclina o feldespato potásico) y las micas.

Como minerales accesorios, suelen estar presentes la sillimanita, la cianita, la andalucita, la cordierita, la estaurolita, etc.

Textura

Granoblástica y porfidoblástica.

Ambiente genético

Por metamorfismo de rocas sedimentarias (*paragneis*) por un elevado grado de metamorfismo; o bien por metamorfismo de grado medio, sobre rocas graníticas y granodioríticas (*ortogneis*).

Observaciones

- **Aplicaciones en Ingeniería Civil:** antiguamente se empleaban en la construcción para hacer bordillos. Actualmente están en desuso, son frágiles y rompen por las bandas más débiles.

  Son rocas buenas para utilizarlas en cimentación de edificios, obras civiles, etc.

  No sirven para hormigones, gravas y balasto.

- **Yacimientos en España:** en Galicia y Sistema Central. Otros yacimientos de menor importancia se localizan en los Pirineos y los Montes de Toledo.

- **Rocas semejantes con las que se pueden confundir:** el gneis posee un aspecto muy similar al granito, del que se distingue por su bandeado (gneisicidad).

Curiosidades

Término que procede de los mineros alemanes.

Fotografía Laboratorio Geología ETSIC (UPM)

Descripción

En este ejemplar se observa como la alteración del gneis es química por acción del agua que oxida los minerales ferromagnesianos (micas) y transforma la ortosa en arcilla (caolín) con lo que, al progresar la alteración, la roca adquiere un tono pardo que conserva la textura y estructura de la roca original.

Su tacto es rugoso y astillado si el corte es transverso al bandeado, mientras que si es paralelo al bandeado resulta menos rugoso e incluso suave, si coincide con las micas.

Componentes mineralógicos

Como minerales más comunes se encuentran el cuarzo, el feldespato (ortoclasa, microclina o feldespato potásico) y las micas.

Como minerales accesorios, suelen estar presentes la sillimanita, la cianita, la andalucita, la cordierita, la estaurolita, etc.

Textura

Granoblástica y porfidoblástica.

Ambiente genético

Por metamorfismo de rocas sedimentarias (*paragneis*) por un elevado grado de metamorfismo; o bien por metamorfismo de grado medio, sobre rocas graníticas y granodioríticas (*ortogneis*).

Observaciones

- **Aplicaciones en Ingeniería Civil:** sin aplicación específica.

- **Yacimientos en España:** en Galicia y Sistema Central. Otros yacimientos de menor importancia se localizan en los Pirineos y los Montes de Toledo.

- **Rocas semejantes con las que se pueden confundir:** el gneis posee un aspecto muy similar al granito alterado, del que se distingue por su bandeado (gneisicidad).

Curiosidades

Término que procede de los mineros alemanes.

Fotografía Laboratorio Geología ETSIC (UPM)

Descripción

Roca de tonalidad gris, algo más oscura que el granito con presencia de grandes nódulos muy visibles, por su tamaño, de ortosa enmarcados por bandas de minerales ferromagnesianos. Es una roca inequigranular, de grano grueso a medio, que presenta una hojosidad no muy acentuada al alternar minerales félsicos (claros) y máficos (oscuros). Las franjas de tinte oscuro, son ricas en minerales ferromagnesianos, alternando con franjas claras de cuarzo y de feldespatos, estos últimos abundantes y visibles a simple vista en forma de glándulas.

Su tacto es rugoso y astillado si el corte es transverso al bandeado, mientras que si es paralelo al bandeado resulta menos rugoso e incluso suave si coincide con las micas.

Componentes mineralógicos

Como minerales más comunes se encuentran el cuarzo, el feldespato (ortoclasa, microclina o feldespato potásico) y las micas.

Como minerales accesorios, suelen estar presentes la sillimanita, la cianita, la andalucita, la cordierita, la estaurolita, etc.

Textura

Granoblástica y glandular.

Ambiente genético

Por metamorfismo de rocas sedimentarias (*paragneis*) por un elevado grado de metamorfismo; o bien por metamorfismo de grado medio, sobre rocas graníticas y granodioríticas (*ortogneis*).

Observaciones

- **Aplicaciones en Ingeniería Civil:** antiguamente se empleaban en la construcción para hacer bordillos. Actualmente están en desuso, son frágiles y rompen por las bandas más débiles.

  Buenas como cimentación de edificios, obras civiles, etc.

  No sirven para hormigones, gravas y balasto.

- **Yacimientos en España:** en Galicia y Sistema Central. Otros yacimientos de menor importancia se localizan en los Pirineos y los Montes de Toledo.

- **Rocas semejantes con las que se pueden confundir:** el gneis glandular posee un aspecto muy similar al granito porfídico, del que se distingue por su bandeado (gneisicidad).

Fotografía Laboratorio Geología ETSIC (UPM)

Descripción

Roca de tonalidad parda por la alteración debida a la oxidación de los minerales ferromagnesianos. Con presencia de grandes nódulos muy visibles, por su tamaño, de ortosa enmarcados por bandas de minerales ferromagnesianos muy oxidados.

Es una roca inequigranular, de grano grueso a medio, que presenta una hojosidad no muy acentuada al alternar minerales félsicos y máficos.

Su tacto es rugoso y astillado si el corte es transverso al bandeado, mientras que si es paralelo al bandeado resulta menos rugoso e incluso suave, si coincide con las micas.

Componentes mineralógicos

Como minerales más comunes se encuentran el cuarzo, el feldespato (ortoclasa, microclina o feldespato potásico) y las micas.

Como minerales accesorios, suelen estar presentes la sillimanita, la cianita, la andalucita, la cordierita, la estaurolita, etc.

Textura

Granoblástica y porfidoblástica.

Ambiente genético

Por metamorfismo de rocas sedimentarias (*paragneis*) por un elevado grado de metamorfismo; o bien por metamorfismo de grado medio, sobre rocas graníticas y granodioríticas (*ortogneis*).

Observaciones

- **Aplicaciones en Ingeniería Civil:** sin aplicación específica.

- **Yacimientos en España:** en Galicia y Sistema Central. Otros yacimientos de menor importancia se localizan en los Pirineos y los Montes de Toledo.

- **Rocas semejantes con las que se pueden confundir:** el gneis glandular alterado posee un aspecto muy similar al granito porfídico alterado, del que se distingue por su bandeado (gneisicidad).

Fotografía Laboratorio Geología ETSIC (UPM)

Descripción

Roca densa, de grano fino. La principal característica de la pizarra es su división muy acentuada en forma de finas láminas o capas (pizarrosidad), debido a la disposición de las micas, normal al máximo esfuerzo desarrollado durante el proceso del metamorfismo.

Suele ser de color negro azulado o negro grisáceo, pero existen variedades rojas, verdes y otros tonos.

Su tacto es suave.

Componentes mineralógicos

Sus minerales principales son las micas y el cuarzo y en algún caso el grafito.

Como minerales accesorios pueden presentar magnetita, pirita y calcopirita y ocasionalmente carbonatos.

Textura

Lepidoblástica.

Ambiente genético

Procede de la transformación de las rocas sedimentarias de granulometrías finas (limos y arcillas), sometidas a fuertes presiones.

También se forma en las zonas externas de las aureolas de contacto y a menudo gradan hacia corneanas.

Observaciones

- **Aplicaciones en Ingeniería Civil:** para cubiertas y techados.

   No son útiles para áridos ni para hormigones.

- **Yacimientos en España:** en El Bierzo, Cabrera y Valdeorras (León y Orense), Bernardos (Segovia) y Villar del Rey (Badajoz).

- **Rocas semejantes con las que se pueden confundir:** posee un aspecto similar a la fonolita, de la que se distingue por su dureza, ya que la pizarra puede rallarse fácilmente con el acero.

Fotografía Laboratorio Geología ETSIC (UPM)

Descripción

Roca densa, de grano fino. La principal característica de la pizarra es su división muy acentuada en forma de finas láminas o capas (pizarrosidad), debido a la disposición de las micas, normal al máximo esfuerzo desarrollado durante el proceso del metamorfismo.

Suele ser de color negro azulado o negro grisáceo, con venas blancas de calcita.

Su tacto es suave.

Componentes mineralógicos

Sus minerales principales son carbonatos (calcita), las micas, el cuarzo y en algún caso el grafito.

Como minerales accesorios pueden presentar magnetita, pirita y calcopirita.

Textura

Lepidoblástica.

Ambiente genético

Procede de la transformación de las rocas sedimentarias de granulometrías finas (limos y arcillas), sometidas a fuertes presiones.

También se forma en las zonas externas de las aureolas de contacto y a menudo gradan hacia corneanas.

Observaciones

- **Aplicaciones en Ingeniería Civil:** para cubiertas y techados.

  No son útiles para áridos ni para hormigones.

- **Yacimientos en España:** en El Bierzo, Cabrera y Valdeorras (León y Orense), Bernardos (Segovia) y Villar del Rey (Badajoz).

- **Rocas semejantes con las que se pueden confundir:** posee un aspecto similar a la fonolita, de la que se distingue por su dureza, ya que la pizarra puede rallarse fácilmente con el acero.

Fotografía Laboratorio Geología ETSIC (UPM)

Descripción

Roca densa, de grano fino. La principal característica de la pizarra es su división muy acentuada en forma de finas láminas o capas (pizarrosidad), debido a la disposición de las micas, normal al máximo esfuerzo desarrollado durante el proceso del metamorfismo. Entre estas capas puede producirse la formación de otros minerales accesorios como la calcopirita y la pirita.

Suele ser de color negro azulado o negro grisáceo.

Su tacto es suave.

Componentes mineralógicos

Sus minerales principales son las micas, el cuarzo y la pirita y calcopirita.

Como minerales accesorios pueden presentar magnetita.

Textura

Lepidoblástica.

Ambiente genético

Procede de la transformación de las rocas sedimentarias de granulometrías finas (limos y arcillas), sometidas a fuertes presiones.

También se forma en las zonas externas de las aureolas de contacto y a menudo, gradan hacia corneanas.

Observaciones

- **Aplicaciones en Ingeniería Civil:** para cubiertas y techados.

   No son útiles para áridos ni para hormigones.

- **Yacimientos en España:** en El Bierzo, Cabrera y Valdeorras (León y Orense), Bernardos (Segovia) y Villar del Rey (Badajoz).

- **Rocas semejantes con las que se pueden confundir:** posee un aspecto similar a la fonolita, de la que se distingue por su dureza, ya que la pizarra puede rallarse fácilmente con el acero.

Fotografía Laboratorio Geología ETSIC (UPM)

Descripción

Roca densa, de grano fino. En el ejemplar de la fotografía se puede observar cómo la alteración, por oxidación, se produce a favor de la fracturación de la roca, produciéndose la oxidación de las paredes y relleno de las fracturas con tonalidades pardo-anaranjadas.

Su tacto es suave.

Componentes mineralógicos

Sus minerales principales son las micas y el cuarzo y en algún caso el grafito.

Como minerales accesorios pueden presentar magnetita, pirita y calcopirita y ocasionalmente, carbonatos.

Textura

Lepidoblástica.

Ambiente genético

Procede de la transformación de las rocas sedimentarias de granulometrías finas (limos y arcillas), sometidas a fuertes presiones.

También se forma en las zonas externas de las aureolas de contacto y a menudo, gradan hacia corneanas.

Observaciones

- **Aplicaciones en Ingeniería Civil:** sin aplicación específica.

- **Yacimientos en España:** en El Bierzo, Cabrera y Valdeorras (León y Orense), Bernardos (Segovia) y Villar del Rey (Badajoz).

- **Rocas semejantes con las que se pueden confundir:** posee un aspecto similar a la fonolita, de la que se distingue por su dureza, ya que la pizarra puede rallarse fácilmente con el acero.

Fotografía Laboratorio Geología ETSIC (UPM)

Descripción

Roca densa, de grano fino. En el ejemplar de la fotografía se puede observar cómo la roca ha sufrido una importante alteración, por oxidación, con tonalidades pardo-anaranjadas.

Su tacto es suave.

Componentes mineralógicos

Sus minerales principales son las micas y el cuarzo y en algún caso el grafito.

Como minerales accesorios pueden presentar magnetita, pirita y calcopirita y ocasionalmente, carbonatos.

Textura

Lepidoblástica.

Ambiente genético

Procede de la transformación de las rocas sedimentarias de granulometrías finas (limos y arcillas), sometidas a fuertes presiones.

También se forma en las zonas externas de las aureolas de contacto y a menudo, gradan hacia corneanas.

Observaciones

- **Aplicaciones en Ingeniería Civil:** sin aplicación específica cuando está alterada.

- **Yacimientos en España:** en El Bierzo, Cabrera y Valdeorras (León y Orense), Bernardos (Segovia) y Villar del Rey (Badajoz).

- **Rocas semejantes con las que se pueden confundir:** no se proponen.

Fotografía Laboratorio Geología ETSIC (UPM)

Descripción

Roca densa, de grano fino. En el ejemplar de la fotografía se puede observar la presencia de fósiles (trilobites) y cómo la roca ha sufrido una importante alteración, por oxidación, con tonalidades pardo-anaranjadas.

Su tacto es suave.

Rocas metamórficas **123**

Componentes mineralógicos

Sus minerales principales son las micas y el cuarzo y en algún caso el grafito.

Como minerales accesorios pueden presentar magnetita, pirita y calcopirita y ocasionalmente, carbonatos.

Textura

Lepidoblástica.

Ambiente genético

Procede de la transformación de las rocas sedimentarias de granulometrías finas (limos y arcillas), sometidas a fuertes presiones.

También se forma en las zonas externas de las aureolas de contacto y a menudo, gradan hacia corneanas.

Observaciones

- **Aplicaciones en Ingeniería Civil:** sin aplicación específica cuando está alterada.

- **Yacimientos en España:** en El Bierzo, Cabrera y Valdeorras (León y Orense), Bernardos (Segovia) y Villar del Rey (Badajoz).

- **Rocas semejantes con las que se pueden confundir:** no se proponen.

Fotografía Laboratorio Geología ETSIC (UPM)

Descripción

Roca de color claro con brillo metálico gris-verdoso. Grano muy pequeño con imposibilidad de poder distinguir, a simple vista, las láminas micáceas.

Tamaño de grano intermedio entre las pizarras y los esquistos micáceos.

Tacto muy suave debido a la presencia de talco.

Componentes mineralógicos

Como minerales más comunes se encuentran la moscovita, la clorita, la sericita, el talco y el cuarzo.

Textura

Lepidoblástica y foliación ondulada.

Ambiente genético

Es una roca que deriva de las sedimentos finos (arcillas), que han sufrido un grado de metamorfismo de bajo a intermedio, entre las pizarras y los esquistos.

Observaciones

- **Aplicaciones en Ingeniería Civil:** para la fabricación de materiales refractarios y cubiertas en zonas muy localizadas.

  Impermeabilización de suelos agrícolas para reducir la contaminación.

- **Yacimientos en España:** Galicia (Lugo y La Coruña).

- **Rocas semejantes con las que se pueden confundir:** con el esquisto y con la pizarra; la diferencia estriba en que en el caso de la filita, los planos de foliación son tersos y brillantes. Mientras que la disparidad con el esquisto es que los componentes de este son observables a simple vista.

Curiosidades

Su nombre proviene del vocablo griego *"phullas"*, que significa hoja.

Fotografía Laboratorio Geología ETSIC (UPM)

Descripción

Roca de color claro con brillo metálico gris-verdoso.

Grano muy pequeño con imposibilidad de poder distinguir, a simple vista, las láminas micáceas.

Tamaño de grano intermedio entre las pizarras y los esquistos micáceos.

Tacto muy suave debido a la presencia de talco.

Componentes mineralógicos

Como minerales más comunes se encuentran la moscovita, la clorita, la sericita, el talco y el cuarzo.

Textura

Lepidoblástica y foliación ondulada.

Ambiente genético

Es una roca que deriva de las sedimentos finos (arcillas), que han sufrido un grado de metamorfismo de bajo a intermedio, entre las pizarras y los esquistos.

Observaciones

- **Aplicaciones en Ingeniería Civil:** para la fabricación de materiales refractarios y cubiertas en zonas muy localizadas.

  Impermeabilización de suelos agrícolas para reducir la contaminación.

- **Yacimientos en España:** Galicia (Lugo y La Coruña).

- **Rocas semejantes con las que se pueden confundir:** con el esquisto y con la pizarra; la diferencia estriba en que en el caso de la filita, los planos de foliación son tersos y brillantes, mientras que la disparidad con el esquisto es que los componentes de este son observables a simple vista.

Curiosidades

Su nombre proviene del vocablo griego *"phullas"*, que significa *"hoja"*.

Fotografía cortesía del IGME

Descripción

Su color característico, el gris, se debe a la presencia de mica, tanto moscovita como biotita.

Tiene alta esquistosidad debido a la orientación de las escamas de mica.

Su tacto es rugoso y astillado si el corte es transverso al bandeado, mientras que si es paralelo al bandeado resulta menos rugoso e incluso suave si coincide con las micas.

Componentes mineralógicos

Como minerales más comunes se encuentran el cuarzo, el feldespato (ortoclasa, microclina o feldespato potásico) y las micas.

Como minerales accesorios, suelen estar presentes la sillimanita, la cianita, la andalucita, la cordierita, la estaurolita, etc.

Textura

Granoblástica y porfidoblástica.

Ambiente genético

Por metamorfismo regional de grado medio a bajo de antiguas series arcillosas y pizarrosas.

Constan de una alternancia de finos estratos de cuarzo y de mica.

Observaciones

- **Aplicaciones en Ingeniería Civil:** antiguamente se empleaban en la construcción para hacer bordillos. Actualmente está en desuso.

  Frágiles y rompen por las bandas más débiles.

  No sirven para hormigones, gravas y balasto.

- **Yacimientos en España:** en Galicia y Sistema Central. Otros yacimientos de menor importancia se localizan en los Pirineos y los Montes de Toledo.

- **Rocas semejantes con las que se pueden confundir:** no se proponen.

Curiosidades

Los esquistos tienen tendencia a sufrir *"squeezing"*, consistente en la disminución de la sección del túnel durante su construcción, en especial con minerales como clorita, talco o grafito, siendo el efecto mayor en la normal a la esquistosidad.

Fotografía cortesía del IGME

Descripción

Su color característico, el gris, se debe a la presencia de mica, tanto moscovita como biotita y a la presencia de cristales de estaurolita de color negro.

Tiene alta esquistosidad debido a la orientación de las escamas de mica.

Su tacto es rugoso y astillado si el corte es transverso al bandeado, mientras que si es paralelo al bandeado resulta menos rugoso e incluso suave, si coincide con las micas.

Componentes mineralógicos

Como minerales más comunes se encuentran el cuarzo, el feldespato (ortoclasa, microclina o feldespato potásico) y las micas.

Como minerales accesorios, suelen estar presentes la sillimanita, la cianita, la andalucita, la cordierita, etc.

Textura

Granoblástica y porfidoblástica.

Ambiente genético

Por metamorfismo regional de grado medio a bajo de antiguas series arcillosas y pizarrosas.

Constan de una alternancia de finos estratos de cuarzo y de mica.

Observaciones

- **Aplicaciones en Ingeniería Civil:** antiguamente se empleaban en la construcción para hacer bordillos. Actualmente está en desuso.

  Frágiles y rompen por las bandas más débiles.

  No sirven para hormigones, gravas y balasto.

- **Yacimientos en España:** en Galicia y Sistema Central. Otros yacimientos de menor importancia se localizan en los Pirineos y los Montes de Toledo.

- **Rocas semejantes con las que se pueden confundir:** no se proponen.

Curiosidades

Los esquistos tienen tendencia a sufrir *"squeezing"*, consistente en la disminución de la sección del túnel durante su construcción, en especial con minerales como clorita, talco o grafito, siendo el efecto mayor en la normal a la esquistosidad.

Fotografía Laboratorio Geología ETSIC (UPM)

Descripción

Canto rodado aplanado y moteado (o mosqueado) por la presencia de granates dispersos.

Estructura laminar y brillo satinado debido a la orientación de las micas.

Su tacto es astillado si el corte es transverso al bandeado, mientras que si es paralelo al bandeado resulta menos rugoso e incluso suave, si coincide con las micas.

Componentes mineralógicos

Como minerales más comunes se encuentran el cuarzo, el feldespato (ortoclasa, microclina o feldespato potásico) y las micas.

Como minerales accesorios, suelen estar presentes la sillimanita, la cianita, la andalucita, la cordierita, la estaurolita, etc.

Textura

Granoblástica y porfidoblástica.

Ambiente genético

Por metamorfismo regional de grado medio a bajo de antiguas series arcillosas y pizarrosas.

Observaciones

- **Aplicaciones en Ingeniería Civil:** antiguamente se empleaban en la construcción para hacer bordillos. Actualmente está en desuso.

  Frágiles y rompen por las bandas más débiles.

  Buenas como cimentación de edificios, obras civiles, etc.

  No sirven para hormigones, gravas y balasto.

- **Yacimientos en España:** en Galicia y Sistema Central. Otros yacimientos de menor importancia se localizan en los Pirineos y los Montes de Toledo.

- **Rocas semejantes con las que se pueden confundir:** el gneis posee un aspecto muy similar al granito, del que se distingue por su bandeado (gneisicidad).

Curiosidades

Los esquistos tienen tendencia a sufrir *"squeezing"*, consistente en la disminución de la sección del túnel durante su construcción, en especial con minerales como clorita, talco o grafito, siendo el efecto mayor en la normal a la esquistosidad.

Fotografía cortesía del IGME

Descripción

Roca compacta, que puede ser también fibrosa.

Sus colores oscilan entre el verde y el negro verdoso. Muestra superficies satinadas y brillo céreo.

Su tacto es suave.

Componentes mineralógicos

Sus minerales principales son la antigorita, el crisotilo, la lizardita, resultado de la alteración del olivino y los piroxenos.

Como minerales accesorios: clorita y talco. Como accidentales: brucita y dolomita.

Textura

Lepidoblástica.

Ambiente genético

Por metamorfismo regional de las peridotitas.

Observaciones

- **Aplicaciones en Ingeniería Civil:** en placas pulimentadas empleadas como revestimiento.

  No sirven para hormigones, gravas y balasto.

- **Yacimientos en España:** Serranía de Ronda, Sierra Nevada y Galicia.

- **Rocas semejantes con las que se pueden confundir:** con la ofita. Se diferencia de esta porque la serpentina posee brillo céreo y tacto suave.

Fotografía cortesía del IGME

Descripción

Roca dura que no se ralla con el acero, el cual deja sobre su superficie una línea similar a la realizada con un lápiz. Rompe en aristas cortantes y con superficies rugosas, pero en cantos rodados presenta superficies lisas, por su tendencia al pulimiento.

Presenta una estructura homogénea y masiva, pudiendo presentar bandeados de colores diferentes que no implican hojosidad. Si está conformada exclusivamente por cuarzo presenta un color blanco, que va adquiriendo tonalidades claras en presencia de otros minerales. Los cristales no pueden apreciarse a simple vista.

Componentes mineralógicos

Formadas exclusivamente por cristales de cuarzo, aproximadamente en un 90%, unidos por un cemento de la misma naturaleza.

Como minerales accesorios presentan feldespatos, mica, granate, sillimanita y clorita.

Textura

Sacaroidea.

Ambiente genético

Por metamorfismo se forma a altas temperaturas y presión de areniscas sedimentarias y en algunas ocasiones, tiene un origen metasomático.

Observaciones

- **Aplicaciones en Ingeniería Civil:** dan excelentes gravas para hormigones. Inconveniente; su gran dureza, aristas cortantes y excesivo coste de explotación y machaqueo.

  Muy usadas en balasto.

- **Yacimientos en España:** Despeñaperros (Jaén).

- **Rocas semejantes con las que se pueden confundir:** no se proponen.

Fotografía Laboratorio Geología ETSIC (UPM)

Descripción

Roca dura que no se ralla con el acero, el cual deja sobre su superficie una línea como hecha con un lápiz. Rompe en aristas cortantes y con superficies rugosas, pero en cantos rodados presenta superficies lisas, por su tendencia al pulimiento.

Presenta una estructura homogénea y masiva, pudiendo presentar bandeados de colores diferentes que no implican hojosidad. Si está conformada exclusivamente por cuarzo, presenta un color blanco que va adquiriendo tonalidades claras en presencia de otros minerales.

En el ejemplar de la fotografía se observan colores rojizos debidos a procesos de oxidación. Los cristales no pueden apreciarse a simple vista.

Componentes mineralógicos

Formadas exclusivamente por cristales de cuarzo, aproximadamente en un 90%, unidos por un cemento de la misma naturaleza.

Como minerales accesorios presentan feldespatos, mica, granate, sillimanita y clorita.

Textura

Sacaroidea.

Ambiente genético

Por metamorfismo se forma a altas temperaturas y presión de areniscas sedimentarias y en algunas ocasiones tiene un origen metasomático.

Observaciones

- **Aplicaciones en Ingeniería Civil:** dan excelentes gravas para hormigones. Inconveniente; su gran dureza, aristas cortantes y excesivo coste de explotación y machaqueo.

    Muy usadas en balasto.

- **Yacimientos en España:** Despeñaperros (Jaén).

- **Rocas semejantes con las que se pueden confundir:** no se proponen.

Fotografía cortesía del IGME

Descripción

Roca de estructura masiva o zonada con el tamaño de los granos variables entre fino y muy grande (sacaroidea). Es una roca dura a pesar que se raye bien con el acero.

Presenta tonalidades muy variables desde el blanco al negro, pasando por el verde y rojizo, e incluso jaspeados. Es holocristalina, pudiéndose ver los granos a simple vista.

Da efervescencia con el ácido clorhídrico diluido y en frio.

Componentes mineralógicos

Constituida fundamentalmente por carbonatos (del orden del 95%), primordialmente por calcita y en menor grado por dolomita.

Otros minerales presentes son la biotita y moscovita.

Textura

Sacaroidea.

Ambiente genético

Por metamorfismo regional y de contacto en calizas recristalizadas.

Observaciones

- **Aplicaciones en Ingeniería Civil:** como roca ornamental.

- **Yacimientos en España:** normalmente toman el nombre bien de la localidad de procedencia, o bien del color.

  A tenor de esta premisa, se podrá discernir entre el mármol blanco en Macael (Almería), de tonalidad negra en Urda (Toledo) y en Estella (Navarra), de tonalidad rojiza en Mallorca y de tonalidad azul en Riaño (León).

- **Rocas semejantes con las que se pueden confundir:** no se proponen.

Curiosidades

En ocasiones se comercializan como mármol otras rocas calcáreas no metamórficas, susceptibles de ser tratadas y pulidas.

ROCAS SEDIMENTARIAS

ROCAS DETRÍTICAS

53. Conglomerado pudinga silícea.
54. Conglomerado pudinga calcítica.
55. Conglomerado brecha.
56. Arenisca.
57. Arenisca micácea.
58. Calcarenita.
59. Cuarzo arenita.
60. Fango.
61. Limolita.
62. Arcillita.
63. Arcillita sepiolítica.

ROCAS SEDIMENTARIAS

Todas las rocas sedimentarias, se caracterizan por haberse formado en un ambiente exógeno. En este ambiente, las variaciones mineralógicas, texturales, estructurales de las rocas sedimentarias vienen controladas y condicionadas por la acción del agua, independientemente del estado físico en el que se encuentre, y no por las presiones y temperaturas que son propias de la superficie terrestre.

En función del proceso singenético o de sedimentación, se condicionará la clasificación de las rocas sedimentarias que a continuación se presentan.

Fotografía cortesía del IGME

Descripción

Es una roca constituida por fragmentos de rocas (clastos), formada en un 50%, al menos, por elementos de diámetro superior a 2 mm, de morfología redondeada a subredondeada, de composición homogénea o heterogénea y heterométricos, distribuidos de forma irregular.

Todos ellos se encuentran englobados por una matriz arenosa y cementados por un aglomerante, que puede tener diversa naturaleza (silícea, calcárea, etc.).

Componentes mineralógicos

La muestra presenta clastos silíceos, en una matriz arenosa.

Textura

Clástica o detrítica.

Clase: ruditas.

Ambiente genético

Por consolidación y cementación de clastos de tamaño grava relacionados con un ambiente fluvial que actúa como agente de transporte y modelador, que redondea los fragmentos de las rocas y afecta a su posterior acumulación (sedimentación).

Observaciones

- **Aplicaciones en Ingeniería Civil:** como áridos o bien pulidos a modo de revestimiento.

- **Yacimientos en España:** se encuentran extensamente repartidos por toda la Península Ibérica.

- **Rocas semejantes con las que se pueden confundir:** con el conglomerado brecha. La diferencia estriba en el grado de redondez de los clastos tamaño grava. En el caso de la brecha, son angulosos o subangulosos.

Curiosidades

El grado de redondez de los clastos indica la madurez textural relacionada con el tiempo de duración e intensidad del agente de transporte (corrientes de agua).

Los conglomerados representan menos del 1% de las rocas sedimentarias.

Fotografía Laboratorio Geología ETSIC (UPM)

Descripción

Es una roca constituida por fragmentos de rocas (clastos), formada en un 50%, al menos, por elementos de diámetro superior a 2 mm, de morfología redondeada a subredondeada, de composición homogénea o heterogénea y heterométricos, distribuidos de forma irregular.

Todos ellos se encuentran englobados por una matriz arenosa, y cementados por un aglomerante de naturaleza calcárea que los une.

Componentes mineralógicos

La muestra presenta clastos de caliza, en matriz arenosa.

Textura

Clástica o detrítica.

Clase: ruditas.

Ambiente genético

Por consolidación y cementación de clastos de tamaño grava relacionados con un ambiente fluvial que actúa como agente de transporte y modelador, que redondea los fragmentos de las rocas y afecta a su posterior acumulación (sedimentación).

Observaciones

- **Aplicaciones en Ingeniería Civil:** como áridos o bien pulidos a modo de revestimiento.

- **Yacimientos en España:** se encuentran extensamente repartidos por toda la Península Ibérica.

- **Rocas semejantes con las que se pueden confundir:** con el conglomerado brecha. La diferencia estriba en el grado de redondez de los clastos tamaño grava. En el caso de la brecha, son angulosos o subangulosos.

Curiosidades

El grado de redondez de los clastos indica la madurez textural relacionada con el tiempo de duración e intensidad del agente de transporte (corrientes de agua).

Los conglomerados representan menos del 1% de las rocas sedimentarias.

Fotografía Laboratorio Geología ETSIC (UPM)

Descripción

Es una roca constituida por fragmentos de rocas (clastos), formada en un 50%, al menos, por elementos de diámetro superior a 2 mm, de morfología angulosa a subangulosa, de composición homogénea o heterogénea y heterométricos, distribuidos de forma irregular.

Todos ellos se encuentran englobados por una matriz arenosa, y cementados por un aglomerante de naturaleza calcárea que los une.

Componentes mineralógicos

La muestra presenta clastos de caliza, en matriz arenosa.

Textura

Clástica o detrítica.

Clase: ruditas.

Ambiente genético

Se generan principalmente, por procesos de meteorización física como el hielo-deshielo, cambios de temperatura o rotura por raíces, seguida de una erosión y un transporte prácticamente nulos.

El principal agente de transporte es la fuerza de la gravedad.

Presentes también en las morrenas glaciares y en laderas de montañas donde existen escarpes de rocas, se acumulan los fragmentos de estas originando canchales, que al cementarse dan lugar a las brechas.

Observaciones

- **Aplicaciones en Ingeniería Civil:** como áridos o bien pulidos a modo de revestimiento.

- **Yacimientos en España:** se encuentran extensamente repartidos por toda la Península Ibérica.

- **Rocas semejantes con las que se pueden confundir:** con el conglomerado pudinga. La diferencia estriba en el grado de redondez de los clastos tamaño grava. En el caso de la pudinga son redondeados.

Curiosidades

Su nombre proviene del término alemán *"brechen"* que significa *"romper"*.

El grado de redondez de los clastos indica la madurez textural relacionada con el tiempo de duración e intensidad del agente de transporte (corrientes de agua).

Los conglomerados representan menos del 1% de las rocas sedimentarias.

Fotografía cortesía del IGME

Descripción

Es una roca de tonalidad rojiza, aunque puede desarrollar tonalidades muy variadas, desde el pardo oscuro hasta el blanco, pasando por distintos tonos de verde, amarillo o rojo.

Está constituida por fragmentos de rocas (clastos) de tamaño arena (entre 2 mm y 1/16 mm), de naturaleza silícea.

Su tacto es rugoso.

Componentes mineralógicos

Arena de naturaleza silícea.

Textura

Clástica o detrítica.

Clase: arenitas.

Ambiente genético

Por compactación y cementación de sedimentos arenosos que han sido transportados por el viento o el agua, tanto fluvial como marina.

Observaciones

- **Aplicaciones en Ingeniería Civil:** como áridos y para mampostería.

- **Yacimientos en España:** se encuentran extensamente repartidos por toda la Península Ibérica.

- **Rocas semejantes con las que se pueden confundir:** no se proponen.

Curiosidades

La naturaleza y la composición de los fragmentos de roca de tamaño arena influirán decisivamente, tanto en su dureza como en sus aplicaciones.

Localmente a este tipo de areniscas se las reconoce con los términos de *"rodeno"* y *"asperón"*.

Fotografía Laboratorio Geología ETSIC (UPM)

Descripción

Es una roca de tonalidad rojiza constituida por fragmentos de rocas (clastos) de tamaño arena (entre 2 mm y 1/16 mm), de naturaleza silícea, con un alto contenido en micas de tamaño arena.

Esta circunstancia confiere a la roca un cierto bandeado en forma de finas lajas, por donde es fácil romper la roca.

Su tacto es rugoso.

Componentes mineralógicos

La muestra presenta clastos de tamaño arena de cuarzo y mica moscovita.

Textura

Clástica o detrítica.

Clase: arenitas.

Ambiente genético

Por compactación y cementación de sedimentos arenosos que han sido transportados por el viento o el agua, tanto fluvial como marina.

Observaciones

- **Aplicaciones en Ingeniería Civil:** como áridos o bien, pulidos a modo de revestimiento.

- **Yacimientos en España:** se encuentran extensamente repartidos por toda la Península Ibérica.

- **Rocas semejantes con las que se pueden confundir:** no se proponen.

Curiosidades

La naturaleza y composición de los fragmentos de roca de tamaño arena influirán decisivamente, tanto en su dureza como en sus aplicaciones.

Fotografía Laboratorio Geología ETSIC (UPM)

Descripción

Es una roca de tonalidades claras esencialmente calcárea, constituida principalmente de clastos de 1/16 mm. Los clastos pueden ser terrígenos o bioclásticos y el cemento calcáreo, microcristalino o espático.

Todos ellos se encuentran englobados por unas matrices arenosas finas y cementadas por un aglomerante de naturaleza calcárea que los une.

Su tacto es muy áspero.

Componentes mineralógicos

La muestra presenta clastos de caliza, en matriz arenosa.

Textura

Clástica o detrítica.

Clase: arenitas.

Ambiente genético

Se trata de una arena bioclástica formada en una plataforma mixta, poco profunda, en la que se ubican construcciones arrecifales agitadas por el oleaje que generan abundante material arenoso por acumulación de conchas.

Observaciones

- **Aplicaciones en Ingeniería Civil:** como áridos o bien, pulidos a modo de revestimiento.

- **Yacimientos en España:** cuenca del Guadalquivir.

- **Rocas semejantes con las que se pueden confundir:** no se proponen.

Curiosidades

Produce efervescencia con el ácido clorhídrico diluido y en frío.

Fotografía Laboratorio Geología ETSIC (UPM)

Descripción

Roca de tonalidades muy variadas, desde el anaranjado al rojizo debido a pátinas de óxido.

Constituida por fragmentos, clastos de tamaño arena (entre 2 mm a 1/16 mm), de naturaleza silícea. El contenido en matriz es muy bajo, inferior al 15%.

Su tacto es rugoso.

Componentes mineralógicos

La muestra presenta clastos de tamaño arena de cuarzo y menos de un 5% de feldespatos y fragmentos de roca.

Textura

Clástica o detrítica.

Clase: arenitas.

Ambiente genético

Por compactación y cementación de sedimentos arenosos que han sido transportados por el viento o el agua, tanto fluvial como marina.

Observaciones

- **Aplicaciones en Ingeniería Civil:** como áridos.

- **Yacimientos en España:** se encuentran extensamente repartidos por toda la Península Ibérica.

- **Rocas semejantes con las que se pueden confundir:** no se proponen.

Curiosidades

Por su tacto áspero reciben, localmente, el nombre de *"asperón"*.

Fotografía Laboratorio Geología ETSIC (UPM)

Descripción

Es una roca de tonalidad gris oscuro a azul grisáceo. Constituida por arcillas y limos con alto contenido en materia orgánica y restos vegetales en descomposición.

Se caracteriza por ser impermeable y muy plástica en presencia de agua.

El ejemplar de la fotografía se ha desecado para su manipulación y estudio. En el yacimiento tenía el 52% de agua.

Componentes mineralógicos

Arcilla, limo y materia orgánica.

Textura

Clástica o detrítica.

Clase: lutitas.

Ambiente genético

Lodo que se deposita en el fondo de los mares o lagos y que tiene una gran carga de elementos orgánicos y detríticos.

Observaciones

- **Aplicaciones en Ingeniería Civil:** sin aplicación específica.

- **Yacimientos en España:** se encuentran extensamente repartidos por toda la Península Ibérica.

- **Rocas semejantes con las que se pueden confundir:** no se proponen.

Fotografía cortesía del IGME

Descripción

Es una roca constituida por fragmentos de rocas con tamaños comprendidos entre los 1/16 a los 1/256 mm.

Carece de plasticidad o esta es muy escasa y se deshace con los dedos.

Su tacto es suave, pero más áspero que la arcilla debido a la presencia de partículas silíceas.

Componentes mineralógicos

Sus componentes mineralógicos principales son caliza, sílice y acilla.

Textura

Clástica o detrítica.

Clase: lutitas.

Ambiente genético

En ambientes sedimentarios acuosos, caracterizados por existir un nivel de energía muy bajo, como son: las llanuras de inundación de ríos o las zonas más distales de abanicos aluviales. También se encuentran en los fondos de lagos.

En ambientes secos el viento produce una acumulación de lutitas que se denomina **loess**.

Observaciones

- **Aplicaciones en Ingeniería Civil:** sin aplicación específica.

- **Yacimientos en España:** se encuentran extensamente repartidos por toda la Península Ibérica.

- **Rocas semejantes con las que se pueden confundir:** con la arcillita; la diferencia estriba en la cohesión y plasticidad, que es muy inferior en el caso de la limolita.

Fotografía cortesía del IGME

Descripción

Es una roca de tonalidad rojiza que está constituida por partículas de tamaño inferior a 1/256 mm.

Puede presentarse en una amplia gama de colores.

Son filosilicatos conformados por capas de tetraedros y octaedros, Las capas de tetraedros y octaedros se acoplan dando láminas que al repetirse forma la estructura cristalina típica de las arcillas.

Componentes mineralógicos

La composición mineralógica de las arcillitas será función de la combinación en los apilamientos de las capas de octaedros y tetraedros.

Textura

Clástica o detrítica.

Clase: lutitas.

Ambiente genético

Surge de la meteorización de rocas que contienen feldespato, posteriormente por transporte, sedimentación y consolidación se forma la arcillita.

Observaciones

- **Aplicaciones en Ingeniería Civil:** poseen múltiples aplicaciones algunas de ellas son:

  - Para la elaboración del cemento.
  - En la producción de áridos ligeros.
  - Como material impermeabilizante y de sellado.

- **Yacimientos en España:** se encuentran extensamente repartidos por todas las cuencas terciarias.

- **Rocas semejantes con las que se pueden confundir:** con la limolita; la diferencia estriba en la cohesión y plasticidad que es muchísimo mayor en el caso de la arcillita.

Curiosidades

La absorción de agua en el espacio interlaminar tiene como consecuencia la separación de las láminas dando lugar al proceso de hinchamiento, ejerciéndose una presión proporcional al incremento de volumen experimentado, denominado **presión de hinchamiento**, causante de muchas patologías de cimentaciones en estructuras viarias y edificaciones.

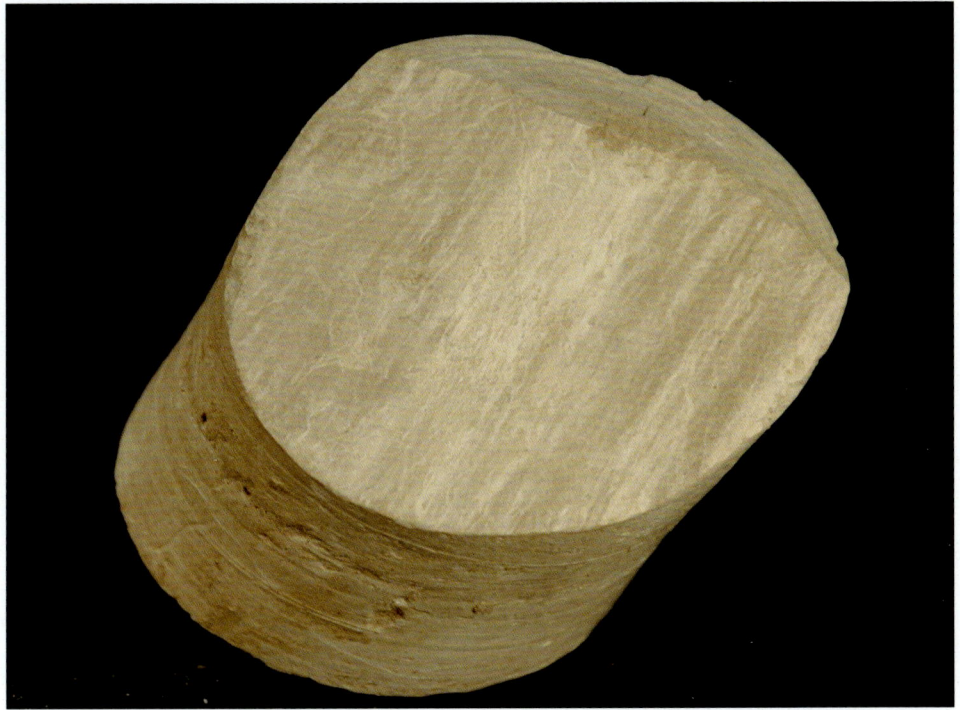

Fotografía Laboratorio Geología ETSIC (UPM)

Descripción

Es una roca de tonalidad blanca o crema. Está conformada por partículas sedimentarias de tamaño inferior a 2 micras.

Presenta fractura concoidea, exfoliación ausente, brillo opaco y raya blanca.

Su tacto es muy suave.

Componentes mineralógicos

Sepiolita.

Textura

Clástica o detrítica.

Clase: lutitas.

Ambiente genético

Los procesos de percolación e infiltración de aguas carbonatadas dieron origen a la precipitación de grandes cantidades de sepiolita en los estratos formados por arcillas ricas en magnesio.

Observaciones

- **Aplicaciones en Ingeniería Civil:** para la preparación de lodos bentoníticos, utilizados en la perforación de terrenos con presencia de agua salada y que están a altas temperaturas.

  En la producción de diferentes materiales de construcción, entre ellos algunos tipos especiales de cementos.

- **Yacimientos en España:** Madrid.

- **Rocas semejantes con las que se pueden confundir:** no se proponen.

Curiosidades

La explotación de sepiolita en las minas de Madrid hace que sea España el primer productor mundial en este tipo de materiales.

Al chuparla se pega a la lengua. En realidad, es como una esponja rígida cuyo interior está atravesado por una enorme cantidad de tubos, galerías y huecos que hacen disminuir al mínimo la densidad del mineral y permiten que flote en el agua.

ROCAS SEDIMENTARIAS

ROCAS INTERMEDIAS

64. Marga arcillosa.
65. Marga calcárea dolomítica.
66. Marga calcárea fosilífera.

Fotografía cortesía del IGME

Descripción

Es una roca de tonalidad muy variable, aunque suelen predominar los tonos blancos, grisáceos o amarillentos.

Presenta una composición intermedia entre las calizas y las arcillas, está conformada por carbonato cálcico, lutita y en menor proporción, arena. Por tanto, sus características dependerán fundamentalmente de las proporciones presentes de estos materiales. Un ejemplo es la dureza, que dependerá de la proporción de caliza. Si esta es alta tendrá una dureza media, y será blanda cuando la componente lutítica sea la predominante.

Son rocas plásticas, que en contacto son el agua son deformables y se disgregan cuando son sumergidas en ella. Su tacto es untuoso.

Componentes mineralógicos

La muestra presenta carbonato cálcico, lutita y en menor proporción, arena.

Como minerales secundarios pueden presentar yeso y sal.

Textura

No clástica. Amorfa, sin estructura definida.

Clase: sedimentaria intermedia.

Ambiente genético

Las margas se generan en ambientes acuosos semejantes a los de las arcillas, pero bajo la acción de climas más cálidos que favorecen la presencia de bicarbonatos en las aguas y su posterior precipitación.

Observaciones

- **Aplicaciones en Ingeniería Civil:** para la fabricación de cementos.

- **Yacimientos en España:** se encuentran extensamente repartidas por España.

- **Rocas semejantes con las que se pueden confundir:** se puede confundir con una arcilla, de la que se diferencia por su contenido en carbonato cálcico. En consecuencia, la marga produce una fuerte efervescencia con ácido clorhídrico diluido en frío y la arcilla, no.

Fotografía Laboratorio Geología ETSIC (UPM)

Descripción

La marga es un tipo de roca sedimentaria compuesta principalmente de calcita y arcillas, con predominio, por lo general, de la calcita, lo que le confiere un color blanquecino. Textura compacta.

La dureza dependerá de la proporción de caliza. Si esta es alta tendrá una dureza media, y será blanda cuando la componente lutítica sea la predominante.

Son rocas plásticas, que en contacto son el agua son deformables y se disgregan cuando son sumergidas en ella. Su tacto es untuoso.

Componentes mineralógicos

Los componentes mineralógicos fundamentales son la dolomita y la arcilla. Como componente accesorio presenta calcita.

Textura

No clástica. Amorfa, sin estructura definida.

Clase: sedimentaria intermedia.

Ambiente genético

Por procesos singenéticos en ambientes acuosos bajo la acción de climas más cálidos que favorecen la presencia de bicarbonatos en las aguas y su posterior precipitación.

Observaciones

- **Aplicaciones en Ingeniería Civil:** sin aplicación específica.

- **Yacimientos en España:** presente en las franjas intermedias de las cuencas terciarias miocénicas.

- **Rocas semejantes con las que se pueden confundir:** se puede confundir con una arcilla, de la que se diferencia por su contenido en carbonato cálcico. En consecuencia, la marga produce una fuerte efervescencia con ácido clorhídrico diluido en frío y la arcilla, no.

Fotografía Laboratorio Geología ETSIC (UPM)

Descripción

La marga es un tipo de roca sedimentaria compuesta principalmente de calcita y arcillas carbonatadas, con predominio de la fracción arcillosa, que, en este caso, le confiere un tonalidad amarrillo-anaranjada, sobre la que resaltan moldes internos de bivalvos.

La dureza dependerá de la proporción de caliza. Si esta es alta tendrá una dureza media, y será blanda cuando la componente lutítica sea la predominante.

Son rocas plásticas, que en contacto son el agua son deformables y se disgregan cuando son sumergidas en ella. Su tacto es untuoso.

Componentes mineralógicos

Arcillas, calcita y restos fósiles.

Textura

No clástica. Amorfa, sin estructura definida.

Clase: sedimentaria intermedia.

Ambiente genético

Las margas se generan en ambientes acuosos bajo la acción de climas más cálidos que favorecen la presencia de bicarbonatos en las aguas y su posterior precipitación.

Observaciones

- **Aplicaciones en Ingeniería Civil:** sin aplicación específica.

- **Yacimientos en España:** predominan en el Sistema Ibérico.

- **Rocas semejantes con las que se pueden confundir:** no se proponen.

ROCAS SEDIMENTARIAS

ROCAS NO DETRÍTICAS. CARBONATADAS

67. Caliza margosa.
68. Caliza compacta.
69. Caliza cristalina.
70. Caliza fosilífera.
71. Caliza con alveolinas.
72. Caliza oolítica.
73. Caliza pisolítica.
74. Carniola.
75. Caliza tobácea. Toba calcárea.
76. Brecha dolomítica.
77. Dolomía.

Fotografía Laboratorio Geología ETSIC (UPM)

Descripción

Es una roca carbonatada de grano fino.

El ejemplar de la fotografía posee una tonalidad beige, aunque pueden presentar colores muy variados, desde el blanco al negro, pasando por tonalidades cremas y grises.

Componentes mineralógicos

La calcita ($CaCO_3$) es el mineral esencial (> 65%), otros minerales presentes son la dolomita ($CaMg(Co_3)_2$) y con un porcentaje inferior al 5 %, el sílice, el feldespato y la arcilla.

Textura

No clástica. Cristalina.

Clase: no detríticas carbonatadas.

Ambiente genético

Por consolidación y cementación de depósitos marinos.

Observaciones

- **Aplicaciones en Ingeniería Civil:** trituradas como áridos y para la fabricación del cemento.

- **Yacimientos en España:** se encuentran extensamente repartidos por toda la Península Ibérica.

- **Rocas semejantes con las que se pueden confundir:** con dolomías. La diferencia estriba en que la caliza margosa produce efervescencia, muy vistosa, con el ácido clorhídrico diluido y en frío.

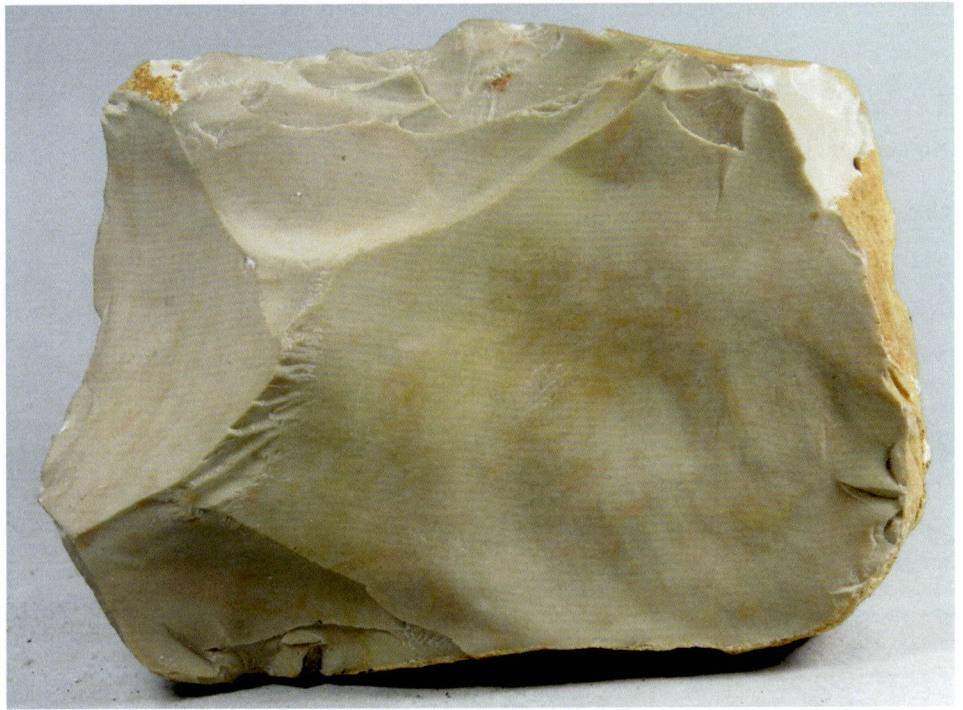

Fotografía cortesía del IGME

Descripción

Es una roca calcárea de grano fino de tonalidad beige, pudiendo presentarse con tonalidades muy variadas desde el blanquecino hasta el negro (por la presencia de pigmentos bituminosos o grafito).

Presenta fractura concoidea que da lugar a bordes cortantes. Su textura es compacta.

Su estructura en forma de estratos de potencia variable.

Componentes mineralógicos

La calcita ($CaCO_3$) es el componente mayoritario.

Como componentes accesorios pueden aparecer: la arcilla y los óxidos de hierro.

Textura

No clástica. Cristalina.

Clase: no detríticas carbonatadas.

Ambiente genético

Son rocas de origen marino, compactadas durante los procesos diagéneticos.

Observaciones

- **Aplicaciones en Ingeniería Civil:** cortada en grandes bloques, como escolleras y trituradas como áridos y para la fabricación del cemento.

- **Yacimientos en España:** presente en regiones con afloramientos del Jurásico y Cretácico de la Península Ibérica.

- **Rocas semejantes con las que se pueden confundir:** con la dolomía. La diferencia estriba en que la caliza produce efervescencia con el ácido clorhídrico diluido en frío.

También puede confundirse con el mármol, del que se diferencia por la presencia de minerales metamórficos y por la textura sacaroidea.

Fotografía Laboratorio Geología ETSIC (UPM)

Descripción

Es una roca carbonatada, de tonalidad desde blanquecina a beige, en donde se pueden observar perfectamente los cristales de calcita.

Es una roca dura, con una superficie de rotura áspera a favor de los cristales de calcita.

Componentes mineralógicos

La calcita ($CaCO_3$) es el componente mayoritario.

Textura

No clástica. Cristalina.

Clase: no detríticas carbonatadas.

Ambiente genético

Son rocas de origen marino, compactadas y recristalizadas durante los procesos diagéneticos de sedimentos carbonatados.

Observaciones

- **Aplicaciones en Ingeniería Civil:** como áridos o bien, pulidos a modo de revestimiento.

- **Yacimientos en España:** Asturias, Cantabria y Baleares.

- **Rocas semejantes con las que se pueden confundir:** con la dolomía. La diferencia estriba en que la caliza produce efervescencia con el ácido clorhídrico diluido en frío.

Fotografía Laboratorio Geología ETSIC (UPM)

Descripción

Es una roca de grano grueso formada, esencialmente, por la acumulación de conchas o fragmentos de estas. Son rocas calizas fosilíferas con predominio de conchas de bivalvos, cementadas por carbonato cálcico.

El ejemplar de la fotografía posee una tonalidad anaranjada, aunque pueden presentar colores muy variados, desde blanco al negro, pasando por tonalidades cremas y grises.

Componentes mineralógicos

La calcita ($CaCO_3$) es el mineral esencial.

Textura

No clástica. Cristalina.

Clase: no detríticas carbonatadas.

Ambiente genético

Por consolidación y cementación de depósitos marinos.

Observaciones

- **Aplicaciones en Ingeniería Civil:** trituradas como áridos y para la fabricación del cemento.

- **Yacimientos en España:** presente en regiones con afloramientos del Jurásico y Cretácico de la Península Ibérica.

- **Rocas semejantes con las que se pueden confundir:** con una marga calcárea. Se diferencia de esta por su mayor dureza y por no poseer un aspecto terroso. Ambas producen una fuerte efervescencia con el ácido clorhídrico diluido en frío.

Fotografía Laboratorio Geología ETSIC (UPM)

Descripción

Es una roca de color pardo amarillento y textura clástica, conformada por la acumulación de numerosos caparazones de alveolinas apreciables a simple vista, cementados por carbonato cálcico.

Normalmente, el fósil predominante es la alveolina, que es el que le da el nombre a la caliza.

Componentes mineralógicos

Está formada por calcita ($CaCO_3$) y alveolinas (que es el foraminífero con gran presencia en el Eoceno).

Textura

No clástica. Cristalina.

Clase: no detríticas carbonatadas.

Ambiente genético

Su génesis está relacionada por la acumulación de caparazones de alveolinas en un fondo marino.

Observaciones

- **Aplicaciones en Ingeniería Civil:** como revestimiento. Trituradas como áridos y para la fabricación del cemento.

- **Yacimientos en España:** presente en regiones con afloramientos del Eoceno repartidos por toda la Península Ibérica.

- **Rocas semejantes con las que se pueden confundir:** no se proponen.

Fotografía cortesía del IGME

Descripción

Es una roca carbonatada, constituida por granos compactados de caliza, de forma redondeada y de diámetro entre 1 y 2 mm, que se denominan **oolitos**.

El ejemplar de la fotografía posee una tonalidad beige, aunque pueden presentar colores muy variados, desde blanco al negro, pasando por tonalidades cremas y grises.

Componentes mineralógicos

La calcita ($CaCO_3$) es el mineral esencial.

Como componentes secundarios pueden aparecer arcillas y óxidos en forma de pátina.

Textura

No clástica. Oolítica.

Clase: no detríticas carbonatadas.

Ambiente genético

Los oolitos crecen, por precipitación, alrededor de semillas constituidas por granos de cuarzo o fragmentos diminutos de caparazones, en agua de mar sobresaturada en $CaCO_3$, y a profundidades muy someras (del orden de los 2 m).

Observaciones

- **Aplicaciones en Ingeniería Civil:** trituradas como áridos y para la fabricación del cemento.

- **Yacimientos en España:** Asturias, Cantabria y Baleares.

- **Rocas semejantes con las que se pueden confundir:** con una caliza pisolítica. La diferencia estriba en el tamaño de las esferas, que en el caso de los pisolitos es superior a 3 mm.

Fotografía Laboratorio Geología ETSIC (UPM)

Descripción

Roca de tonalidad blanquecina, con esferas concéntricas, de hasta 8 mm, de calcita y aragonito.

El ejemplar de la fotografía posee una tonalidad blanquecina, aunque pueden presentar colores muy variados, desde el blanco hasta el marrón oscuro.

Componentes mineralógicos

La calcita y el aragonito ($CaCO_3$) son los minerales esenciales.

Como componentes secundarios pueden aparecer arcillas.

Textura

No clástica. Pisolítica.

Clase: no detríticas carbonatadas.

Ambiente genético

Por precipitación de calcita y aragonito en ambientes termales.

Los pisolitos crecen, por precipitación, alrededor de semillas constituidas por granos de cuarzo o fragmentos diminutos de caparazones, en agua de mar sobresaturada en $CaCO_3$, y a profundidades muy someras (del orden de los 2 m).

Observaciones

- **Aplicaciones en Ingeniería Civil:** sin aplicación específica.

- **Yacimientos en España:** Asturias, Cantabria y Baleares.

- **Rocas semejantes con las que se pueden confundir:** con una caliza oolítica. La diferencia estriba en el tamaño de las esferas, que en el caso de los oolitos es inferior a 2 mm.

Fotografía Laboratorio Geología ETSIC (UPM)

Descripción

Son rocas calizas de color pardo amarillento y hasta rojizo, de estructura vacuolar y porosa.

Respecto a su estructura, presenta una estratificación débilmente marcada.

Componentes mineralógicos

Calcita con residuos de yeso.

Textura

No clástica. Cristalina.

Clase: no detríticas carbonatadas.

Ambiente genético

Se originaron en orillas de lagunas salobres o zonas con aguas de circulación muy lenta en un clima árido y cálido.

La calcita precipitó sobre yeso y anhidrita, que después se disolvieron dejando los huecos.

Observaciones

- **Aplicaciones en Ingeniería Civil:** sin aplicación específica.

- **Yacimientos en España:** Guadalajara.

- **Rocas semejantes con las que se pueden confundir:** no se proponen.

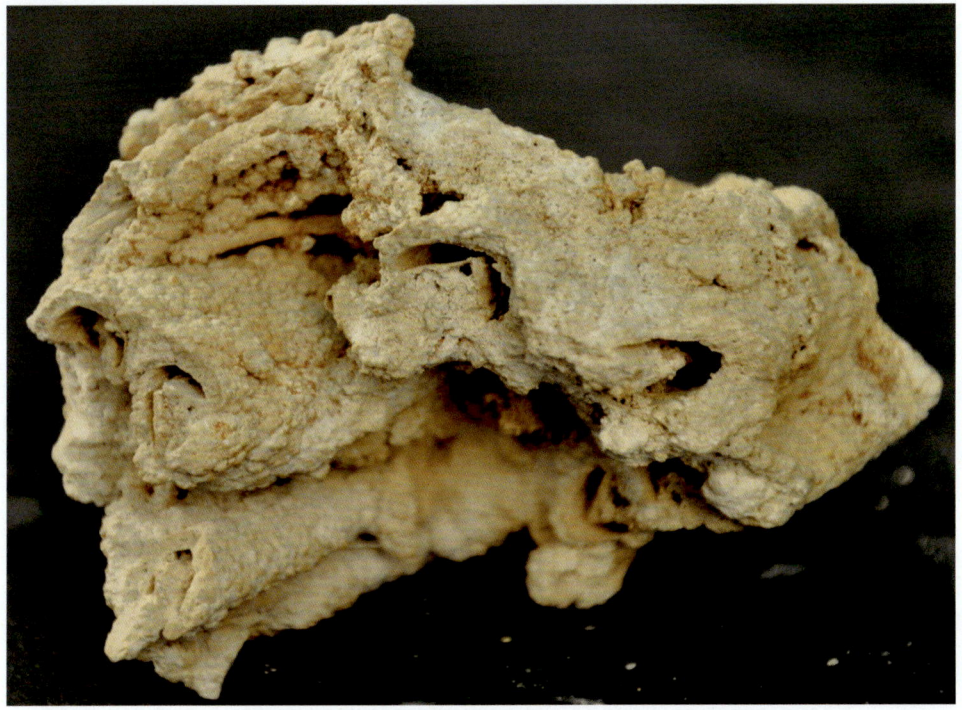

Fotografía Laboratorio Geología ETSIC (UPM)

Descripción

Es una roca carbonatada de tonalidad blanquecina a parduzca, de grano fino y oquerosa (muy porosa) y ligera.

Son apreciables los túbulos, que dejan las raíces y las plantas acuáticas al descomponerse.

Componentes mineralógicos

Calcita y cantidades variables de arena, junto con otros elementos detríticos.

Textura

No clástica. Cristalina.

Clase: no detríticas carbonatadas.

Ambiente genético

Por precipitación de carbonatos a partir de un sustrato vegetal, en los ríos y en las proximidades de las cascadas y de los saltos de agua.

Al morir las plantas y descomponerse la materia orgánica, dejan multitud de huecos y conductos. Esta circunstancia otorga a la roca un aspecto esponjoso. En algún caso los restos vegetales pueden permanecer y conservarse dentro de los huecos.

Observaciones

- **Aplicaciones en Ingeniería Civil:** sin aplicación específica.

- **Yacimientos en España:** se encuentran extensamente repartidos por toda la Península Ibérica.

- **Rocas semejantes con las que se pueden confundir:** con la pumita y con tobas volcánicas. La diferencia estriba en que la toba calcárea produce una fuerte efervescencia con el ácido clorhídrico diluido en frío.

Curiosidades

En las tobas calcáreas, en presencia de humedad con sobresaturación de carbonato cálcico, no se interrumpe su precipitación, produciendo muchas patologías en firmes y cimentaciones de estructuras viarias y edificaciones.

Fotografía Laboratorio Geología ETSIC (UPM)

Descripción

Es una roca carbonatada constituida, fundamentalmente, por fragmentos angulosos de cristales de distintos tamaños (heterométricos) de dolomita, de tonalidad crema, que están distribuidos de forma irregular.

Todos ellos se encuentran empastados por una matriz calcítica de neoformación a favor de grietas y fisuras, que la dotan de un aspecto que recuerda a la piel de elefante.

Presencia de huecos y fisuras de disolución.

Componentes mineralógicos

Dolomita y calcita.

Textura

No clástica. Cristalina.

Clase: no detríticas carbonatadas.

Ambiente genético

Raramente primarias (por precipitación directa a partir de aguas marinas).

Por lo general procede de calizas precursoras en las que por procesos metasomáticos se produce una sustitución parcial de Ca por Mg.

Observaciones

- **Aplicaciones en Ingeniería Civil:** no es apta para la elaboración del hormigón por el contenido en MgO, ya que da una alta expansividad.

- **Yacimientos en España:** muy abundante en el Sistema Ibérico. También aparece en Ciudad Real, Granada y Baleares.

- **Rocas semejantes con las que se pueden confundir:** con las calizas. La diferencia estriba en que la dolomita no produce efervescencia con el ácido clorhídrico diluido en frío.

Fotografía cortesía del IGME

Descripción

Es una roca carbonatada de tonalidad parda grisácea, aunque también pude presentar tonalidades blanquecinas y rosadas.

Se caracteriza por tener un tamaño de grano medio a fino, con frecuente presencia de restos fósiles.

Su textura es masiva y en ocasiones, sacaroidea.

Tiene una estructura sin estratos.

Componentes mineralógicos

El componente mineralógico principal es la dolomita. Como componentes accesorios pueden aparecer calcita y en menor proporción, cuarzo.

Textura

No clástica. Cristalina.

Clase: no detríticas carbonatadas.

Ambiente genético

Raramente primarias (por precipitación directa a partir de aguas marinas).

Por lo general procede de calizas precursoras que por procesos metasomáticos se produce una sustitución parcial de Ca por Mg. A este proceso se le llama **dolomitización**.

Observaciones

- **Aplicaciones en Ingeniería Civil:** no es apta para la elaboración del hormigón por el contenido en MgO ya que da una alta expansividad.

- **Yacimientos en España:** muy abundante en el Sistema Ibérico, también aparece en Ciudad Real, Granada, Baleares.

- **Rocas semejantes con las que se pueden confundir:** con la calcita y el mármol. La diferencia estriba en que la dolomía no produce efervescencia con el ácido clorhídrico diluido y en frío y las calizas y el mármol, sí.

Curiosidades

Denominada de esa forma en honor al geólogo francés Déodat Gratet de Dolomieu, al haber sido el primero en describir la dolomia.

ROCAS SEDIMENTARIAS

ROCAS NO DETRÍTICAS. EVAPORÍTICAS

78. Yeso masivo.
79. Yeso selenítico en matriz arcillosa.
80. Yeso alabastrino.
81. Yeso rojizo.
82. Yeso laminar en macla punta de flecha.
83. Yeso laminar.
84. Yeso dendrítico.
85. Yeso nodular.
86. Yeso nodular en matriz arcillosa.
87. Yeso fibroso.

Fotografía Laboratorio Geología ETSIC (UPM)

Descripción

Es una roca constituida por mineral de yeso. En estado puro posee tonalidades blancas, pudiendo presentar diversos colores función de las impurezas, generalmente, arcillosas.

Es opaco y mate.

Es una roca muy blanda, pudiéndose rayar fácilmente.

El color de la raya es blanco.

Componentes mineralógicos

Yeso (sulfato cálcico hidratado $CaSO_4 \cdot 2H_2O$).

En menor proporción contiene arcilla de tonalidad pardo-verdosa.

Textura

No clástica. Microcristalina.

Clase: no detríticas evaporíticas.

Ambiente genético

El principal ambiente de formación del yeso es el sedimentario de tipo evaporítico. Este se genera por la evaporación progresiva de aguas ricas en sulfatos y cloruros, que proceden principalmente de ambientes lacustres en un clima cálido y seco.

Observaciones

- **Aplicaciones en Ingeniería Civil:** materia prima en la fabricación del yeso y de la escayola.

     Es agresivo al hormigón, debiéndose emplear cementos sulforresistentes para la elaboración del hormigón de los elementos de cimentación en contacto con estos materiales. Es una roca muy soluble.

- **Yacimientos en España:** zonas centrales de las cuencas terciarias del Duero, Ebro y Tajo.

- **Rocas semejantes con las que se pueden confundir:** con algunos carbonatos, pero su baja dureza, solubilidad en agua y la no efervescencia con HCl en frío, lo distinguen de estos.

Curiosidades

Su nombre procede del vocablo latino *gypsum* que significa *"yeso"*.

Fotografía Laboratorio Geología ETSIC (UPM)

Descripción

Las rocas de la fotografía son yeso selenítico, en forma de grandes cristales de yeso transparente, a menudo maclados, empastados en una matriz arcillosa de tonalidad pardo-verdosa.

Presenta una exfoliación muy marcada en finas láminas.

Componentes mineralógicos

Yeso (sulfato cálcico hidratado $CaSO_4 \cdot 2H_2O$) y arcilla.

Textura

No clástica. Cristalina.

Clase: no detríticas evaporíticas.

Ambiente genético

Lago salino somero, sobresaturado en sulfato cálcico con aporte de terrígenos finos de naturaleza arcillosa, sedimentados por decantación.

El principal ambiente de formación del yeso es el sedimentario de tipo evaporítico.

Observaciones

- **Aplicaciones en Ingeniería Civil:** como retardante de la solidificación del cemento Portland.
- **Yacimientos en España:** Burgos, Cádiz, Cantabria, Córdoba, Cuenca, Granada, Guadalajara, Huesca, Jaén, La Rioja, Murcia, Palencia, Teruel y Zaragoza.
- **Rocas semejantes con las que se pueden confundir:** no se proponen.

Curiosidades

A esta variedad de yesos se les conoce de forma tradicional con el término de *espejuelo*, debido a la capacidad de reflexión de la luz.

El término de selenítico, no es debido al contenido en selenio (que no tiene), sino a la antigua creencia popular de que provenía de la luna (*Selene*, es el nombre de la diosa griega de la Luna).

La actividad comercial más importante de la ciudad romana de Segóbriga (Cuenca), consistió en la minería del yeso especular *lapis specularis*, que era transportado hasta el puerto de Carthagonova (Cartagena), para ser comercializado en el resto del Imperio, donde se utilizaba en las ventanas.

Fotografía cortesía del IGME

Descripción

Es una variedad de yeso masivo o sacaroideo de colores claros y traslucidos.

Es una roca constituida por mineral de yeso. En estado puro posee tonalidades blancas, pudiendo presentar diversos colores función de las impurezas, generalmente arcillosas.

Es opaco y mate.

Es una roca blanda, pudiéndose rayar fácilmente. El color de la raya es blanco.

Componentes mineralógicos

Yeso (sulfato cálcico hidratado $CaSO_4 \cdot 2H_2O$).

Textura

No clástica. Sacaroidea.

Clase: no detríticas evaporíticas.

Ambiente genético

Se origina en masas de aguas salinas con circulación muy restringida y sometidas a un clima árido y cálido.

Observaciones

- **Aplicaciones en Ingeniería Civil:** como retardante de la solidificación del cemento Portland.

- **Yacimientos en España:** Burgos, Cádiz, Cantabria, Córdoba, Cuenca, Granada, Guadalajara, Huesca, Jaén, La Rioja, Murcia, Palencia, Teruel y Zaragoza.

- **Rocas semejantes con las que se pueden confundir:** no se proponen.

Curiosidades

Su nombre procede del vocablo latino *"gypsum"* que significa *"yeso"*.

Fotografía cortesía del IGME

Descripción

Es una roca constituida por mineral de yeso. El ejemplar de la fotografía es de tonalidad rojiza, función de las impurezas, en este caso de arcillas rojas ligadas al keuper.

Es opaco y mate.

Es una roca muy blanda, pudiéndose rayar fácilmente.

El color de la raya es blanco.

Componentes mineralógicos

El yeso (sulfato cálcico hidratado $CaSO_4 \cdot 2H_2O$), es el componente mineralógico mayoritario.

Otros componentes son: Arcillas, jacintos de Compostela y aragonito.

Textura

No clástica. Cristalina.

Clase: no detríticas evaporíticas.

Ambiente genético

Se origina en masas de aguas salinas con circulación muy restringida y sometidas a un clima árido y cálido.

Observaciones

- **Aplicaciones en Ingeniería Civil:** sin aplicación específica.

- **Yacimientos en España:** Burgos, Cádiz, Cantabria, Córdoba, Cuenca, Granada, Guadalajara, Huesca, Jaén, La Rioja, Murcia, Palencia, Teruel y Zaragoza.

- **Rocas semejantes con las que se pueden confundir:** no se proponen.

Curiosidades

Su nombre procede del vocablo latino "*gypsum*" que significa "*yeso*".

Fotografía cortesía del IGME

Descripción

Yeso en grandes cristales tabulares (hasta más de 1 metro), espático, transparente, incoloro o débilmente coloreado, de brillo vítreo y fácilmente exfoliable en finísimas láminas.

Presenta maclas en punta de flecha.

Es una roca muy blanda, pudiéndose rayar fácilmente (se raya con la uña).

El color de la raya es blanco.

Componentes mineralógicos

Yeso (sulfato cálcico hidratado, $CaSO_4 \cdot 2H_2O$).

Textura

No clástica. Cristalina.

Clase: no detríticas evaporíticas.

Ambiente genético

Se origina en masas de aguas salinas con circulación muy restringida y sometidas a un clima árido y cálido.

Observaciones

- **Aplicaciones en Ingeniería Civil:** sin aplicación específica.

- **Yacimientos en España:** Burgos, Cádiz, Cantabria, Córdoba, Cuenca, Granada, Guadalajara, Huesca, Jaén, La Rioja, Murcia, Palencia, Teruel, Zaragoza.

- **Rocas semejantes con las que se pueden confundir:** no se proponen.

Curiosidades:

Su nombre procede del vocablo latino *"gypsum"* que significa *"yeso"*.

Fotografía Laboratorio Geología ETSIC (UPM)

Descripción

Yeso en grandes cristales tabulares (hasta más de 1 metro), espático, transparente, incoloro o débilmente coloreado, de brillo vítreo y exfoliación muy marcada. Fácilmente exfoliable en finísimas láminas.

Es una roca muy blanda, pudiéndose rayar fácilmente, incluso con la uña.

El color de la raya es blanco.

Rocas sedimentarias no detríticas evaporíticas **211**

Componentes mineralógicos

Yeso (sulfato cálcico hidratado $CaSO_4 \cdot 2H_2O$).

Textura

No clástica. Cristalina.

Clase: no detríticas evaporíticas.

Ambiente genético

Se origina en masas de aguas salinas con circulación muy restringida y sometidas a un clima árido y cálido.

Por precipitación secundaria, como producto de hidratación de la anhidrita.

Observaciones

- **Aplicaciones en Ingeniería Civil:** como retardante de la solidificación del cemento Portland.
- **Yacimientos en España:** Burgos, Cádiz, Cantabria, Córdoba, Cuenca, Granada, Guadalajara, Huesca, Jaén, La Rioja, Murcia, Palencia, Teruel y Zaragoza.
- **Rocas semejantes con las que se pueden confundir:** no se proponen.

Curiosidades

Su nombre procede del vocablo latino *"gypsum"* que significa *yeso*.

La actividad comercial más importante de la ciudad romana de Segóbriga (Cuenca), consistió en la minería del yeso especular *lapis specularis*, que era transportado hasta el puerto de Carthagonova (Cartagena), para ser comercializado en el resto del Imperio, donde se utilizaba en ventanas.

A esta variedad de yeso se le conoce de forma tradicional con el término de **espejuelo**, debido a la capacidad de reflexión de la luz.

Fotografía Laboratorio Geología ETSIC (UPM)

Descripción

Es una roca formada por cristales blancos dendríticos (morfología arborescente) en matriz arcillosa, de tonalidad gris oscura a negra.

Es una roca blanda, pudiéndose rayar fácilmente. El color de la raya es blanco.

Componentes mineralógicos

Yeso (sulfato cálcico hidratado, $CaSO_4 \cdot 2H_2O$) y arcilla.

Textura

No clástica. Dendrítica.

Clase: no detríticas evaporíticas.

Ambiente genético

Son producto de la evaporación de aguas con una alta concentración en sales, que, al penetrar en los poros de las rocas, depositan las sales disueltas formando incrustaciones y agregados típicos en forma arborescente.

Observaciones

- **Aplicaciones en Ingeniería Civil:** sin aplicación específica.

- **Yacimientos en España:** Burgos, Cádiz, Cantabria, Córdoba, Cuenca, Granada, Guadalajara, Huesca, Jaén, La Rioja, Murcia, Palencia, Teruel y Zaragoza.

- **Rocas semejantes con las que se pueden confundir:** no se proponen.

Curiosidades

Su nombre procede del vocablo latino *gypsum* que significa *"yeso"*.

Fotografía Laboratorio Geología ETSIC (UPM)

Descripción

Es una roca sedimentaria evaporítica que forma masas redondeadas o arriñonadas, de tamaño milimétrico, muy compactas, en matriz arcillosa de tonalidad gris oscura a negra.

Es una roca algo más dura que las fases cristalinas, pudiéndose rayar fácilmente. El color de la raya es blanco.

Componentes mineralógicos

Yeso (sulfato cálcico hidratado, $CaSO_4 \cdot 2H_2O$) y arcilla.

Textura

No clástica. Microcristalina nodular.

Clase: no detríticas evaporíticas.

Ambiente genético

Por precipitación desplazativa debida a un bombeo evaporítico de sulfatos en el seno de arcillas del margen del lago salino.

Los nódulos pueden aparecer aislados, como en el ejemplar de la fotografía, o pueden llegar a coalescer dando lugar a capas de cierta potencia y distribución espacial.

Observaciones

- **Aplicaciones en Ingeniería Civil:** sin aplicación específica.

- **Yacimientos en España:** Burgos, Cádiz, Cantabria, Córdoba, Cuenca, Granada, Guadalajara, Huesca, Jaén, La Rioja, Murcia, Palencia, Teruel y Zaragoza.

- **Rocas semejantes con las que se pueden confundir:** no se proponen.

Curiosidades

Su nombre procede del vocablo latino *"gypsum"* que significa *"yeso"*.

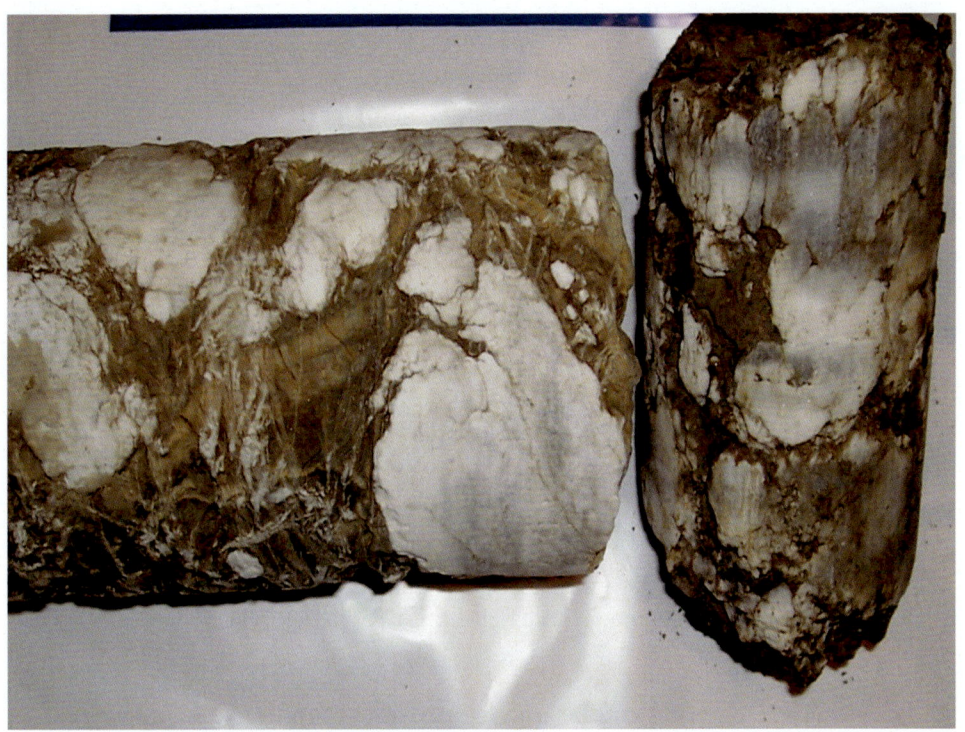

Fotografía Laboratorio Geología ETSIC (UPM)

Descripción

Es una roca sedimentaria evaporítica que forma masas redondeadas o arriñonadas, de tamaño centimétrico, muy compactas, en matriz arcillosa de tonalidad pardo-verdosa.

Es una roca algo más dura que las fases cristalinas, pudiéndose rayar fácilmente. El color de la raya es blanco.

Componentes mineralógicos

Yeso (sulfato cálcico hidratado, $CaSO_4 \cdot 2H_2O$) y arcilla.

Textura

No clástica. Microcristalina nodular.

Clase: no detríticas evaporíticas.

Ambiente genético

Por precipitación desplazativa generada por bombeo evaporítico de sulfatos en el seno de arcillas del margen del lago salino.

Observaciones

- **Aplicaciones en Ingeniería Civil:** sin aplicación específica.

- **Yacimientos en España:** Burgos, Cádiz, Cantabria, Córdoba, Cuenca, Granada, Guadalajara, Huesca, Jaén, La Rioja, Murcia, Palencia, Teruel y Zaragoza.

- **Rocas semejantes con las que se pueden confundir:** no se proponen.

Curiosidades

Su nombre procede del vocablo latino *gypsum* que significa *"yeso"*.

Fotografía Laboratorio Geología ETSIC (UPM)

Descripción

Es un agregado de cristales fibrosos de yeso, con brillo céreo y sedoso y color claro.

Es una roca muy blanda, pudiéndose rayar fácilmente. El color de la raya es blanco.

Componentes mineralógicos

Yeso (sulfato cálcico hidratado, $CaSO_4 \cdot 2H_2O$).

Textura

No clástica. Microcristalina fibrosa.

Clase: no detríticas evaporíticas.

Ambiente genético

Aparece rellenando fracturas. Los cristales crecen desde los bordes de las fracturas y grietas.

Observaciones

- **Aplicaciones en Ingeniería Civil:** sin aplicación específica.

- **Yacimientos en España:** Burgos, Cádiz, Cantabria, Córdoba, Cuenca, Granada, Guadalajara, Huesca, Jaén, La Rioja, Murcia, Palencia, Teruel y Zaragoza.

- **Rocas semejantes con las que se pueden confundir:** no se proponen.

Curiosidades

Su nombre procede del vocablo latino *"gypsum"* que significa *"yeso"*.

ROCAS SEDIMENTARIAS

ROCAS NO DETRÍTICAS. SILÍCEAS

88. Sílex opalino.

Fotografía cortesía del IGME

Descripción

Es una roca detrítica organógena que forma masas lentejonares y estratos de poco espesor, muy compactas.

Se presenta con tonalidades oscuras, es densa y pesada y tiene un brillo resinoso.

Presenta fractura concoide o escamosa brillante.

Componentes mineralógicos

Está compuesto por minerales de sílice como el ópalo y el cuarzo.

Textura

No clástica. Criptocristalina.

Clase: no detríticas silíceas organógenas.

Ambiente genético

Por procesos diagéneticos que generan disoluciones silíceas sobre sedimentos pa-lustres–lacustres someros sobre arcillas esmectíticas ferromagnesianas y dolomías.

Aparecen en forma de nódulos o capas de escasa potencia entre la roca encajante.

Observaciones

- **Aplicaciones en Ingeniería Civil:** sin aplicación específica.

- **Yacimientos en España:** zonas centrales de la cuenca terciara del Tajo.

- **Rocas semejantes con las que se pueden confundir:** no se proponen.

Curiosidades:

En la Edad de Piedra fue empleado para la elaboración de herramientas cortantes, por su capacidad de romperse en lascas (fractura concoidea), con bordes cortantes.

PARTE III. AFLORAMIENTOS DE ROCAS

FICHAS DESCRIPTIVAS

AFLORAMIENTO DE ROCAS

Un macizo rocoso es un medio discontinuo que evoluciona transformándose con el tiempo.

Posee un comportamiento geomecánico que puede ser estudiado a cualquier escala (micro y macroscópica); por tanto, sus propiedades y características pueden ser testadas y cuantificadas.

Cuando un macizo rocoso se estudia desde un aspecto ingenieril, como es el caso de la construcción de un túnel, la excavación de un talud, la construcción de una presa o el cálculo de la tensión máxima admisible de una cimentación, este conocimiento se puede obtener mediante la descripción detallada y metodológica del macizo rocoso.

En esta guía no se pretende enseñar cómo se realiza una estación geomecánica o cómo se realiza una descripción detallada del macizo rocoso; el objetivo es tan solo el de describir y cuantificar las características básicas de un afloramiento.

La caracterización de macizos rocosos, a partir de afloramientos, debe basarse en criterios objetivos que se fundamenten en observaciones sistemáticas y con procedimientos normalizados.

AFLORAMIENTOS DE ROCAS ÍGNEAS

AFLORAMIENTOS DE ROCAS PLUTÓNICAS

AF-1. Granito sano. Talud artificial.
AF-2. Granito alterado. Talud artificial.
AF-3. Granito arenizado. Talud artificial.

Fotografía cortesía de J. Mª. Ayala.

Descripción de la matriz rocosa

La matriz rocosa es de naturaleza granítica, sin signos de decoloración. Es de tonalidad gris clara, que resulta de la combinación de la transparencia del cuarzo, el blanco de la ortosa, ligeramente opaca y tabular, y el negro de la mica. Es una roca holocristalina, equigranular. Su tacto es rugoso.

Meteorización

Presenta un grado de alteración I (ISRM). La roca no presenta signos visibles de meteorización, pudiendo existir pequeñas manchas de óxidos en los planos de alguna de las familias de discontinuidad.

Resistencia

Es una matriz rocosa extremadamente resistente. Precisa varios golpes de martillo de geólogo para partirla.

Descripción y caracterización de las juntas y discontinuidades

No se aprecian discontinuidades singulares.

Se puede apreciar, de forma generalizada, aunque más patente en el cuadrante inferior izquierdo de la fotografía, la presencia de bloques regulares de forma prismática formada por tres familias de juntas (discontinuidades), que se cortan de forma casi ortogonal.

- **Espaciado:** espaciamiento medio entre los planos de discontinuidad, pertenecientes a la misma familia; moderadamente juntos, con una separación media de 390 mm.

- **Continuidad:** continuidad de las litoclasas escasa, con una persistencia media inferior a 2,3 m.

- **Apertura y rugosidad:** se aprecia que en dos de las familias, la rugosidad de las juntas es suave, mientras que la otra es muy rugosa y con estrías.

  Juntas cerradas (sin relleno) y secas.

Observaciones

A pesar de la fracturación del macizo rocoso, este tuvo que ser excavado mediante voladura. Muestra de ello son las huellas de los taladros realizados para introducir el explosivo.

Fotografía cortesía de F. Escolano.

Descripción de la matriz rocosa

La matriz rocosa es de naturaleza granítica, con signos de decoloración. Se aprecia una tonalidad parda debida a la meteorización, fundamentalmente química por oxidación de los minerales ferromagnesianos. Es una roca holocristalina, equigranular. Su tacto rugoso.

Meteorización

Presenta un grado de alteración III (ISRM). Menos de la mitad de la matriz rocosa está transformada en forma de suelo.

Resistencia

Es una matriz rocosa de resistencia media. Se precisa un fuerte golpe de martillo de geólogo para partirse.

Descripción y caracterización de las juntas y discontinuidades

No se aprecian discontinuidades singulares.

Se aprecia una disgregación de la roca original en forma de fracturas de descompresión por la descarga debida a la erosión del material que existía en posiciones suprayacentes (fracturación paralela a la superficie topográfica), que conlleva a la fragmentación de bloques heterométricos.

- **Espaciado:** espaciamiento medio entre los planos de discontinuidad de las diaclasas de relajación. Están situados moderadamente juntos con una separación media de 260 mm.

- **Continuidad:** continuidad de las litoclasas escasa, con una persistencia media inferior a 3 m.

- **Apertura y rugosidad:** la rugosidad de las juntas es alabeada y con estrías. Las juntas se hacen, progresivamente, más abiertas hacia la superficie, con presencia de rellenos de naturaleza arenosa fina de naturaleza cuarzo-feldespática y secas.

Observaciones

Se puede apreciar la decoloración de toda la matriz rocosa, de tonalidad parda debida a la meteorización, fundamentalmente química.

Las características geomecánicas del granito original quedan muy disminuidas, tanto más, a medida que aumenta el grado de meteorización.

La disgregación de la roca original en forma de fracturas de descompresión son reconocidas como **diaclasas de relajación.**

Fotografía cortesía de J. Mª. Ayala.

Descripción de la matriz rocosa

Matriz rocosa, de naturaleza granítica, con una intensa decoloración. Se aprecia una tonalidad parda debida a la meteorización.

Meteorización

Es una roca completamente meteorizada con un grado de alteración V (ISRM). La roca se ha transformado en suelo, a pesar que este conserve la textura del granito original.

Resistencia

Es una matriz rocosa muy blanda y se desmenuza con un golpe seco con la punta del martillo de geólogo.

Descripción y caracterización de las juntas y discontinuidades

Debido a la intensa meteorización sufrida por la matriz rocosa, en donde aparece totalmente disgregada en forma de suelo, no es posible apreciar discontinuidades.

- **Espaciado:** no se aprecia.

- **Continuidad:** no se aprecia.

- **Apertura y rugosidad:** no se aprecian.

Observaciones

Se aprecia en la base del talud algún bloque de granito sano algo alterado, que recuerda cómo era la roca original.

Las características geomecánicas del granito original quedan muy disminuidas, en tanto que, en conjunto, el comportamiento geomecánico del macizo se asemeja a un suelo más que a una roca; muestra de ello son las huellas dejadas por la excavación con medios mecánicos habituales para suelos.

AFLORAMIENTOS DE ROCAS ÍGNEAS

AFLORAMIENTOS DE ROCAS FILONIANAS

AF-4. Dique cuarcítico. Talud artificial.

Fotografía cortesía de F. Escolano.

Descripción de la matriz rocosa

Matriz rocosa de la roca encajante, de naturaleza granítica, de tonalidad parda, producida por la intensa decoloración por oxidación. Roca holocristalina, equigranular. Tacto rugoso.

Meteorización

Presenta un grado de alteración II-III (ISRM). Toda la matriz rocosa, presenta decoloración debida a la meteorización, fundamentalmente química.

Resistencia

La matriz rocosa resistente. Se precisa más de un golpe de martillo de geólogo para partirla. Las características geomecánicas del granito original quedan disminuidas al aumentar el grado de meteorización.

Descripción y caracterización de las juntas y discontinuidades

Discontinuidad singular, representada por la presencia de un dique de naturaleza cuarcítica de espesor centimétrico.

Se puede apreciar un especial diaclasado, groseramente paralelo a la superficie del terreno, producido por la descompresión de la matriz rocosa, dando lugar a bloques regulares de forma prismática, formado por varias familias de juntas que se cortan de forma casi ortogonal.

- **Espaciado:** espaciamiento medio entre los planos de discontinuidad de las diaclasas de relajación, muy juntas con una separación media inferior a 60 mm.

- **Continuidad:** continuidad de las litoclasas es escasa, con una persistencia media inferior a 2 m.

- **Apertura y rugosidad:** la rugosidad de las juntas es algo rugosa a suave, y sin estrías. Juntas cerradas (sin relleno) y secas.

Observaciones

El dique cuarcítico corta a la matriz rocosa y presenta una fracturación muy semejante a la roca de caja.

AFLORAMIENTOS DE ROCAS ÍGNEAS

AFLORAMIENTOS DE ROCAS VOLCÁNICAS

AF-5. Colada basáltica columnar. Talud natural.

AF-6. Colada basáltica. Talud artificial.

AF-7. Brecha volcánica. Talud artificial.

Fotografía cortesía de A. Mazariegos.

Descripción de la matriz rocosa

Matriz rocosa de naturaleza basáltica, con decoloración debida a la meteorización química por oxidación. Columnas subverticales, algunas continuas por varios metros. En su parte más baja está conformada por una brecha volcánica polimíctica.

Meteorización

Presenta un grado de alteración I (ISRM). La matriz rocosa presenta una ligera pérdida de color debida a la meteorización, fundamentalmente química.

Resistencia

La matriz rocosa va desde muy resistente a extremadamente resistente. Se precisan muchos golpes de martillo de geólogo para partirla.

Descripción y caracterización de las juntas y discontinuidades

No se aprecian discontinuidades singulares.

Se puede apreciar un especial de diaclasado, denominado disyunción columnar, dando lugar a columnas regulares, de forma prismática formada por varias familias de juntas que se cortan de forma casi hexagonal.

- **Espaciado:** espaciamiento moderadamente junto, con una separación media inferior a 600 mm.

- **Continuidad:** continuidad de las litoclasas media, con una persistencia media superior a 3 m.

- **Apertura y rugosidad:** se aprecia que la rugosidad de las juntas es algo rugosa a suave, y sin estrías. Juntas cerradas (sin relleno) y secas.

Observaciones

Columnas subverticales, algunas continuas por varios metros. En su parte más baja está conformada por una brecha volcánica polimíctica.

Fracturación prismática de las lavas debida a la contracción térmica de la roca al enfriarse rápidamente; este fenómeno se conoce como **disyunción columnar**.

Fotografía cortesía de F. Escolano.

Descripción de la matriz rocosa

La matriz rocosa es de naturaleza basáltica y presenta tonalidad oscura, con decoloración debida a la meteorización química por oxidación en los planos de las discontinuidades.

Meteorización

Grado de alteración I-II (ISRM). La roca no presenta signos visibles de meteorización, existiendo manchas de óxidos en los planos de discontinuidad

Resistencia

La matriz rocosa va desde muy resistente a extremadamente resistente. Se precisan muchos golpes de martillo de geólogo para partirla.

Descripción y caracterización de las juntas y discontinuidades

No se aprecian discontinuidades singulares.

Se puede apreciar la presencia de bloques de forma prismática por la intersección de tres familias de discontinuidades. Las diaclasas presentan un espaciado muy alto.

- **Espaciado:** espaciamiento muy alto (diaclasas muy separadas). Las distancias en la perpendicular de diaclasas de la misma familia son superiores a 2000 mm.

- **Continuidad:** continuidad de las litoclasas media, con una persistencia media superior a 3 m.

- **Apertura y rugosidad:** se aprecia que la superficie de las juntas es algo rugosa y sin estrías. Juntas cerradas (sin relleno) y secas.

Observaciones

Parte de la matriz rocosa ha perdido su color, pasando de gris oscuro a pardo; esto es debido a una meteorización química (oxidación). Superficialmente puede ser más débil que la roca sana.

Fotografía cortesía de F. Escolano.

Descripción de la matriz rocosa

La matriz rocosa es de naturaleza basáltica y está conformada por una brecha volcánica polimíctica debida a la acumulación de depósitos piroclásticos soldados.

Meteorización

Presenta un grado de alteración I-II (ISRM). La roca no presenta signos visibles de meteorización, salvo la pérdida de color por oxidación.

Resistencia

La matriz rocosa va desde muy resistente a extremadamente resistente. Se precisan muchos golpes de martillo de geólogo para partirla.

Descripción y caracterización de las juntas y discontinuidades

No se aprecian discontinuidades singulares.

Se puede apreciar la presencia de bloques de forma fusiforme y globosa formada por bombas volcánicas intensamente cementadas por cenizas.

- **Espaciado:** no se considera.

- **Continuidad:** no se considera.

- **Apertura y rugosidad:** juntas entre piroclastos cerradas y secas.

Observaciones

Talud artificial conformado por una brecha volcánica polimíctica debida a la acumulación de depósitos piroclásticos soldados, en el que destaca una gran bomba volcánica, rodeada de bombas de menor tamaño y bloques de formas irregulares.

La matriz rocosa, de tonalidad clara, presenta una decoloración por oxidación.

AFLORAMIENTOS DE ROCAS METAMÓRFICAS

Fotografía cortesía de A. Mazariegos.

Descripción de la matriz rocosa

La matriz rocosa es de naturaleza pizarrosa, de tamaño de grano fino. Tonalidad gris-parda con decoloración muy acentuada.

Es una roca lepidoblástica, equigranular y su tacto suave.

Meteorización

Presenta un grado de alteración III-IV (ISRM). De moderadamente meteorizada a muy meteorizada. Se aprecia la roca ligeramente meteorizada de forma muy discontinua.

Resistencia

Es una matriz rocosa que va desde blanda a muy blanda. Se pueden hacer rayas relativamente profundas con el pico del martillo de geólogo.

Descripción y caracterización de las juntas y discontinuidades

No se aprecian discontinuidades singulares.

Macizo rocoso plegado e intensamente fracturado a favor de la *pizarrosidad*.

- **Espaciado:** marcada pizarrosidad, dando lugar a una laminación fina, con un espaciamiento extremadamente junto (< 20 mm).

- **Continuidad:** la continuidad de las litoclasas es escasa, con una persistencia media superior a 3 m.

- **Apertura y rugosidad:** la rugosidad de las juntas es suave. Juntas desde parcialmente abiertas a abiertas (< 2,5 mm) y secas.

Observaciones

La principal característica de la pizarra es su división muy acentuada en forma de finas láminas o capas (pizarrosidad), debido a la disposición de las micas, normal al máximo esfuerzo desarrollado durante el proceso del metamorfismo.

Fotografía cortesía de F. Martín.

Descripción de la matriz rocosa

La matriz rocosa es de naturaleza pizarrosa, de tamaño de grano fino. Presenta una tonalidad desde gris oscura a negra con ligeros signos de decoloración. Es una roca lepidoblástica, equigranular. Su tacto es suave.

Meteorización

Presenta un grado de alteración I-II (ISRM). La matriz rocosa no presenta signos visibles de meteorización, salvo ligeras pérdidas de color en los planos de pizarrosidad.

Resistencia

Es una matriz rocosa blanda. Se pueden hacer rayas poco profundas con pico del martillo de geólogo.

Descripción y caracterización de las juntas y discontinuidades

No se aprecian discontinuidades singulares.

Macizo rocoso plegado.

- **Espaciado:** marcada pizarrosidad, dando lugar a una laminación fina, con un espaciamiento extremadamente junto (< 20 mm).

- **Continuidad:** persistencia muy alta, con una continuidad del diaclasado superior a los 20 m.

- **Apertura y rugosidad:** la rugosidad de las juntas es suave. Juntas cerradas (< 0,25 mm) y secas.

Observaciones

La principal característica de la pizarra es su división muy acentuada en forma de finas láminas o capas (pizarrosidad), debido a la disposición de las micas, normal al máximo esfuerzo desarrollado durante el proceso del metamorfismo.

Se aprecia, en el talud, la inclinación de las masas tabulares de la roca, definidas por la pizarrosidad de la misma, denominada *"cabeceo"*.

Fotografía cortesía de A. Mazariegos.

Descripción de la matriz rocosa

La matriz rocosa es de naturaleza gnéisica, inequigranular, de grano grueso a medio, que presenta una hojosidad no muy acentuada al alternar minerales félsicos (claros) y máficos (oscuros). Su es tacto rugoso.

Meteorización

Presenta un grado de alteración III (ISRM). Aparece roca sana o ligeramente meteorizada de forma continua.

Resistencia

Es una matriz rocosa resistente. Se precisa más de un golpe de martillo de geólogo para fracturarla.

Descripción y caracterización de las juntas y discontinuidades

No se aprecian discontinuidades singulares.

Se aprecia claramente una familia de juntas por descompresión, dispuestas de forma paralela a la superficie del terreno.

Se puede apreciar la presencia de bloques regulares de forma trapezoidal por la coexistencia de tres familias de juntas (discontinuidades), que se cortan de forma casi ortogonal.

- **Espaciado:** espaciamiento medio de 200 mm.

- **Continuidad:** persistencia media, con una continuidad del diaclasado entre 3 a 7 m.

- **Apertura y rugosidad:** la rugosidad de las juntas es suave. Juntas cerradas (< 0,25 mm) y secas. Juntas abiertas en las familias originadas por descompresión (> 0,50 mm) y secas.

Observaciones

Macizo rocoso intensamente fracturado, con una matriz rocosa resistente.

Fotografía cortesía de F. Escolano.

Descripción de la matriz rocosa

La matriz rocosa es de naturaleza esquistosa, con un tamaño de grano fino y una tonalidad gris-verdosa, que presenta una hojosidad no muy acentuada. Su tacto es rugoso.

Meteorización

Presenta un grado de alteración II-III (ISRM). Toda la roca ha perdido su color debido a la meteorización, fundamentalmente química por oxidación.

Resistencia

Es una matriz rocosa resistente. Se precisa más de un golpe de martillo de geólogo para fracturarla.

Descripción y caracterización de las juntas y discontinuidades

No se aprecian discontinuidades singulares.

Aspecto groseramente tableado, con desarrollo poco marcado de esquistosidad, apreciándose la presencia de bloques regulares de forma alargada por la presencia de tres familias de juntas (discontinuidades), que se cortan de forma casi ortogonal.

- **Espaciado:** espaciamiento medio de 200 mm.

- **Continuidad:** persistencia alta, con una continuidad media del diaclasado superior a los 10 m.

- **Apertura y rugosidad:** la rugosidad de las juntas es lisa. Juntas cerradas (< 0,25 mm) y secas.

Observaciones

Debido a la meteorización y superficialmente es más débil que la roca sana.

Fotografía cortesía de M. Bueno.

Descripción de la matriz rocosa

La matriz rocosa es de esquistos y grauvacas (complejo esquisto-grauvaquico). La matriz rocosa presenta un tamaño de grano de fino a muy fino con una tonalidad gris-verdosa. Roca de grado bajo a muy bajo de metamorfismo, con desarrollo poco marcado de la esquistosidad.

Meteorización

Presenta un grado de alteración III (ISRM). Toda la roca ha perdido su color debido a la meteorización, apareciendo la roca sana de forma continua.

Resistencia

Es una matriz rocosa de resistencia media. Se precisa un fuerte golpe de martillo de geólogo para fracturarla.

Descripción y caracterización de las juntas y discontinuidades

Se aprecia como discontinuidad singular una falla cuyo plano presenta una inclinación próxima a los 45° en la parte central izquierda de la fotografía.

Aspecto groseramente tableado, con desarrollo poco marcado de esquistosidad.

- **Espaciado:** espaciamiento medio de 60 a 200 mm.

- **Continuidad:** persistencia media, con una continuidad media del diaclasado entre 3 a 10 m.

- **Apertura y rugosidad:** la rugosidad de las juntas es lisa, sin estrías. Juntas cerradas (< 0,25 mm) y secas.

Observaciones

Debido a la meteorización química, por oxidación, la roca será superficialmente, más débil que la roca sana.

Fotografía cortesía de F. Escolano.

Descripción de la matriz rocosa

La matriz rocosa es de cuarcitas en la que se aprecia un dique de cuarzo de tonalidad blanquecina.

La matriz rocosa, de tonalidad parda, presenta una decoloración por oxidación.

Meteorización

Presenta un grado de alteración I-II (ISRM) toda la roca ha perdido su color debido a la meteorización.

Resistencia

Matriz rocosa extremadamente resistente. Tan solo se puede partir la muestra con un fuerte golpe de martillo de geólogo.

Descripción y caracterización de las juntas y discontinuidades

Se aprecia como discontinuidad singular la presencia del dique cuarcítico de tonalidad blanquecina que disecta la roca de caja.

Aspecto groseramente tableado. Discontinuidades paralelas a la superficie, dando un aspecto groseramente tabular.

- **Espaciado:** espaciamiento moderadamente junto, con una separación media de las discontinuidades de la misma familia comprendido entre 200 a 600 mm.

- **Continuidad:** persistencia media, con una continuidad media del diaclasado entre 3 y 5 m.

- **Apertura y rugosidad:** la rugosidad de las juntas es lisa, sin estrías. Juntas anchas con aperturas medias de 1 cm; secas.

Observaciones

Se puede apreciar la presencia de bloques de morfología trapezoidal.

Fotografía cortesía de F. Escolano.

Descripción de la matriz rocosa

En la fotografía se aprecian dos estados de meteorización: la matriz rocosa del tramo superior posee una tonalidad pardo-anaranjada; por el contrario, en la parte inferior del talud, la decoloración de la roca, por meteorización, es muy inferior, con tonos grises.

Meteorización

Parte superior: presenta un grado de alteración IV-V (ISRM), que va desde muy meteorizada a completamente meteorizada.

Parte inferior: presenta un grado de meteorización II (ISRM), donde la roca y los planos de discontinuidad existentes presentan signos de decoloración.

Resistencia

Parte superior: resistencia catalogable como muy blanda.

Parte inferior: de resistente a muy resistente.

Descripción y caracterización de las juntas y discontinuidades

No se aprecian discontinuidades singulares.

Parte inferior: aspecto groseramente tableado. Discontinuidades paralelas a la superficie, dando un aspecto tabular.

- **Espaciado:** espaciamiento junto a moderadamente junto, con una separación media de las discontinuidades de la misma familia comprendido entre 240 mm.

- **Continuidad:** persistencia media, con una continuidad media del diaclasado entre 3 a 5 m.

- **Apertura y rugosidad:** la rugosidad de las juntas es lisa, sin estrías. Parcialmente abiertas y secas.

Observaciones

Se aprecian dos estados de meteorización claramente diferenciados y separados por una berma.

En la parte superior, debido a la meteorización química, por oxidación, la roca será mucho más débil que la roca sana presente al pie del talud.

AFLORAMIENTOS DE ROCAS SEDIMENTARIAS

AFLORAMIENTOS DE ROCAS DETRÍTICAS

AF-15. Conglomerado pudinga. Talud natural.
AF-16. Arenisca. Talud natural.
AF-17. Arcilla y arenisca. Talud artificial.

Fotografía cortesía de A. Mazariegos.

Descripción de la matriz rocosa

Presenta una matriz rocosa, conformada por gravas y bolos subredondeados de naturaleza cuarcítica, en matriz areno-arcillosa de tonalidad marrón. Su tacto es rugoso.

Meteorización

Muy meteorizado, con un grado de alteración IV (ISRM). Más de la mitad de la matriz rocosa está descompuesta en forma de suelo.

Resistencia

La matriz rocosa presenta una resistencia media. Se precisa un fuerte golpe de martillo de geólogo para partirla.

Descripción y caracterización de las juntas y discontinuidades

No se aprecian discontinuidades singulares.

Como discontinuidad sistemática se aprecian unos planos de estratificación groseramente subhorizontal marcada por una gradación en el tamaño del clasto.

- **Estratificación:** en función del espesor de los estratos se aprecia una estratificación gruesa, con un espesor o espaciamiento medio entre estratos de hasta 2.000 mm.

- **Continuidad:** continuidad de la estratificación media, con una persistencia media en afloramiento de hasta 3 m.

- **Apertura y rugosidad:** la rugosidad entre planos de estratificación es ondulada y seca.

Observaciones

Se aprecia una estratificación groseramente subhorizontal marcada por una gradación en el tamaño del clasto que indica una variación de la energía del medio (a mayor tamaño de la grava, mayor energía).

Presencia de regueros.

Fotografía cortesía de F. Escolano.

Descripción de la matriz rocosa

La matriz rocosa está conformada por arenisca de tonalidad anaranjada, que alterna con pequeñas capas de limo arenoso.

La matriz rocosa, de tonalidad clara, presenta una decoloración por oxidación.

Meteorización

Muy meteorizado, presenta un grado de alteración IV (ISRM). Más de la mitad de la matriz rocosa está descompuesta en forma de suelo. Apareciendo roca, ligeramente meteorizada, de forma discontinua.

Resistencia

La matriz rocosa presenta una resistencia blanda. Se pueden hacer rayas de cierta profundidad con el pico del martillo de geólogo.

Descripción y caracterización de las juntas y discontinuidades

No se aprecian discontinuidades singulares.

Como discontinuidad sistemática se aprecian unos planos de estratificación subhorizontal en forma de bancos tabulares gruesos y limos arenosos de color amarillento, en bancos finos (< 5 cm) a pie del talud.

- **Estratificación:** en función del espesor de los estrato se aprecia una estructura tabular subhorizontal con tamaño de bloque mediano.

    El espaciado de los estratos de areniscas están comprendidos entre 0,20 y 0,60 m.

- **Continuidad:** Continuidad de la estratificación alta, con una persistencia alta mayor a los 10 m.

- **Apertura y rugosidad:** la rugosidad entre planos de estratificación es ondulada y seca. Juntas abiertas a moderadamente anchas, en areniscas, y secas. Juntas cerradas en limos y secas.

Observaciones

Se observa una erosión diferencial a pie de talud, que provoca la caída de bloques, por socavación, *descalce* y rotura por flexión.

Fotografía cortesía de F. Martín.

Descripción de la matriz rocosa

La matriz rocosa está conformada por arcilla de tonalidad verde claro, que alterna con pequeños bancos de arenisca de espesor inferior a los 8 cm. La matriz rocosa es de tonalidad clara.

Meteorización

Completamente meteorizada a suelo residual. Grado de alteración V-VI (ISRM). La roca está descompuesta en forma de suelo, pudiéndose reconocer la textura y estructura de la roca original.

Resistencia

La matriz rocosa es muy blanda. Se desmenuza con el pico del martillo de geólogo.

Descripción y caracterización de las juntas y discontinuidades

Como discontinuidad singular se aprecia el contorno de un paleocanal de composición areniscosa, en la parte central de la fotografía.

Como discontinuidad sistemática se aprecian unos planos de estratificación subhorizontales en forma de bancos tabulares.

- **Estratificación:** se pueden distinguir dos familias de juntas:
  - La primera, paralela a la cara del desmonte dando una estructura tabular muy grosera.
  - La segunda, dispuesta de forma perpendicular a la cara del desmonte. Espaciado medio de los estratos comprendidos entre 0,50 y 0,90 m.

- **Continuidad:** continuidad de la estratificación alta, con una persistencia alta mayor a los 10 m.

- **Apertura y rugosidad:** la rugosidad entre planos de estratificación es ondulada y seca. Juntas abiertas con relleno arcilloso y seco.

Observaciones

Se aprecia un deslizamiento que afecta a un paleocanal de composición areniscosa.

Se puede apreciar una erosión superficial mediante surcos y regueros muy marcados a lo largo de toda la superficie del desmonte.

AFLORAMIENTOS DE ROCAS SEDIMENTARIAS

AFLORAMIENTOS DE ROCAS INTERMEDIAS

AF-18. Margas calcáreas. Talud artificial.

Fotografía cortesía de F. Escolano.

Descripción de la matriz rocosa

La matriz rocosa es de naturaleza margosa, con una composición intermedia entre las calizas y las arcillas. Está conformada por carbonato cálcico, lutita y, en menor proporción, arena. Presenta una tonalidad grisácea. Su tacto suave.

Meteorización

Presenta un grado de alteración II (ISRM). Todo el conjunto rocoso se presenta decolorado por meteorización, que indica la alteración del macizo y de las superficies de discontinuidad.

Resistencia

La matriz rocosa es resistente. Se precisa más de un golpe de martillo de geólogo para partirla.

Descripción y caracterización de las juntas y discontinuidades

No se aprecian discontinuidades singulares.

Como discontinuidades sistemáticas se puede apreciar la presencia de una estratificación en forma de bancos tabulares gruesos.

Los estratos se presentan delimitados con pequeños niveles de arcillas, de potencia centimétrica, de tonalidad negra, en donde crece la vegetación.

- **Espaciado:** caracterizado por una estratificación gruesa, con un espesor o espaciamiento medio entre estratos comprendidos entre 0,70 a 2,00 m.

- **Continuidad:** continuidad alta a muy alta, con una persistencia media superior a los 12 m.

- **Apertura y rugosidad:** bancos de margas con disposición horizontal y superficies entre bancos recta. Juntas abiertas, rellenas de arcillas y húmedas.

Observaciones

Grandes bancos de margas de tonalidad grisácea, con disposición horizontal.

A este tipo de materiales se les reconoce localmente como **cayuela**.

AFLORAMIENTOS DE ROCAS SEDIMENTARIAS

AFLORAMIENTOS DE ROCAS NO DETRÍTICAS CARBONATADAS

AF-19. Calizas masivas. Talud natural.
AF-20. Calizas. Talud artificial.
AF-21. Calizas del Páramo. Talud artificial.
AF-22. Toba calcárea. Talud artificial.

Fotografía cortesía de F. Martín.

Descripción de la matriz rocosa

La matriz rocosa es de naturaleza calcítica, de grano fino de tonalidad beige en superficies frescas, con signos de decoloración en toda la superficie, pasando a una tonalidad gris azulada.

Meteorización

Presenta un grado de alteración II (ISRM). La roca ha perdido su color debido a la meteorización.

Resistencia

La matriz rocosa es de resistencia media a resistente. Se precisa más de un golpe de martillo de geólogo para partirla.

Descripción y caracterización de las juntas y discontinuidades
No se aprecian discontinuidades singulares.

Se puede apreciar, como discontinuidad sistemática, la presencia de una estratificación en forma de bancos, dando lugar a una estructura tabular subhorizontal con tamaño de bloques medios.

- **Espaciado:** estratificación media, con espaciado de los estratos de caliza comprendidos entre 1,0 y 1,7 m.

- **Continuidad:** continuidad de las litoclasas muy elevada, con una persistencia alta, mayor de 10 m.

- **Apertura y rugosidad:** la rugosidad de las juntas, de los planos de estratificación, es alabeada. Juntas cerradas (sin relleno) y secas.

Observaciones
Se observan las huellas dejadas por la dinámica kárstica en forma de un canal.

Fotografía cortesía de A. Mazariegos.

Descripción de la matriz rocosa

La matriz rocosa es de naturaleza calcítica, de grano fino y de tonalidad beige en superficies frescas; muestra signos de disolución a favor de la fracturación existente.

Meteorización

Presenta un grado de alteración III (ISRM). Aparece la roca sana o ligeramente meteorizada en zonas aisladas.

Resistencia

La matriz rocosa es resistente. Se precisa más de un golpe de martillo de geólogo para partirla.

Descripción y caracterización de las juntas y discontinuidades

No se aprecian discontinuidades singulares.

Se puede apreciar, como discontinuidad sistemática, la presencia de una estratificación en forma de bancos muy gruesos, dando lugar a una estructura tabular subhorizontal con tamaño de bloques grandes.

- **Espaciado:** estratificación gruesa a muy gruesa, con espaciado de los estratos de caliza comprendidos entre 0,90 y 2,00 m.

- **Continuidad:** continuidad de las litoclasas muy elevada, con una persistencia alta, mayor de 10 m.

- **Apertura y rugosidad:** la rugosidad de las juntas es alabeada. Las juntas están cerradas (sin relleno) y secas.

Observaciones

Se observan las huellas dejadas por la dinámica kárstica a favor de una fractura subvertical.

La fractura, agrandada por la dinámica kárstica, aparece colmatada por una matriz areno-arcillosa con fragmentos de roca caliza, teniendo en conjunto un aspecto brechoide.

Fotografía cortesía de F. Escolano.

Descripción de la matriz rocosa

La matriz rocosa es de naturaleza calcítica, de grano fino y de tonalidad beige en superficies frescas; muestra signos de meteorización a favor de la fracturación existente.

Meteorización

Presenta un grado de alteración I-II (ISRM). Roca de sana a ligeramente meteorizada, existiendo pérdidas de color a favor de los planos de discontinuidad.

Resistencia

La matriz rocosa es resistente. Se precisa más de un golpe de martillo de geólogo para partirla.

Descripción y caracterización de las juntas y discontinuidades

No se aprecian discontinuidades singulares.

Se pueden apreciar tres familias de discontinuidades sistemáticas:

- La principal y sistemática está representada por una estratificación en forma de bancos muy gruesos, dando lugar a una estructura tabular horizontal.

- De forma subordinada se aprecia la segunda familia, en forma de fracturas inclinadas 45º (aproximadamente).

- La tercera familia es subvertical.

- **Espaciado:** estratificación gruesa a muy gruesa, con espaciado de los estratos de caliza comprendidos entre 0,60 y 2,30 m en el pie del talud.

- **Continuidad:** continuidad de las litoclasas muy elevada, con una persistencia alta, mayor de 10 m.

- **Apertura y rugosidad:** la rugosidad de las juntas es alabeada en planos de estratificación y ondulada a rugosa en la familia secundaria.

    Fracturas abiertas en el caso de la estratificación, con relleno arcilloso de tonalidad rojo-anaranjado.

Observaciones

A pesar de la fracturación del macizo rocoso, este tuvo que ser excavado mediante voladura. Muestra de ello son las huellas de los taladros realizados para introducir el explosivo.

Fotografía cortesía de F. Escolano.

Descripción de la matriz rocosa

La matriz rocosa es carbonatada, de tonalidad anaranjada en corte fresco. Pasa a tonalidades grisáceas por meteorización. Presenta un grano fino y es oquerosa (muy porosa) y ligera. De composición calcítica con cantidades variables de arena, junto con otros elementos detríticos.

Meteorización

Presenta un grado de alteración I-II (ISRM). Roca de sana a ligeramente meteorizada, existiendo pérdidas de color a favor de los planos de discontinuidad.

Resistencia

La matriz rocosa es blanda. Se pueden hacer rayas ligeramente profundas con el pico del martillo de geólogo.

Descripción y caracterización de las juntas y discontinuidades

No se aprecian discontinuidades singulares.

Se puede apreciar una familia de discontinuidad sistemática, representada por una estratificación en forma de bancos, dando lugar a una estructura tabular horizontal.

- **Espaciado:** estratificación gruesa, con espaciado de los estratos de toba comprendidos entre 0,60 y 2,00 m en pie de talud.

- **Continuidad:** continuidad de las litoclasas muy elevada, con una persistencia alta, mayor de 10 m.

- **Apertura y rugosidad:** la rugosidad de las juntas es alabeada en planos de estratificación.

  Fracturas abiertas en el caso de la estratificación, con relleno limo-arenoso de tonalidad anaranjado. Juntas secas.

Observaciones

Se observa una erosión diferencial en el pie del talud, que provoca la caída de bloques, por socavación (*descalce*) y rotura por flexión. Al pie del talud aparecen capas de arenas limosas.

La roca ha perdido su color debido a la meteorización. Superficialmente es más débil que la roca sana.

AFLORAMIENTOS DE ROCAS SEDIMENTARIAS

AFLORAMIENTOS DE ROCAS NO DETRÍTICAS EVAPORÍTICAS

AF-23. Yeso masivo. Talud artificial.
AF-24. Yeso tableado. Talud natural.
AF-25. Yeso nodular. Talud artificial.

Fotografía cortesía de F. Escolano.

Descripción de la matriz rocosa

Es una matriz rocosa de naturaleza yesífera (evaporítica) de textura *sacaroidea* y de tonalidad blanquecina en estado puro, pudiendo presentar diversos colores función de las impurezas, generalmente arcillosas, con finas capas de arcillas de tonalidad marrón-verdosa. El color de la raya es blanco. Su tacto es rugoso.

Meteorización

Presenta un grado de alteración I. (ISRM). La roca no presenta signos visibles de meteorización, pudiendo existir pequeñas manchas de óxidos en los planos de alguna de las familias de discontinuidad.

Resistencia

La matriz rocosa va desde blanda a media. Se precisa un golpe de martillo de geólogo para partirla.

Descripción y caracterización de las juntas y discontinuidades

Como discontinuidad sistemática se aprecia una estratificación en forma de bancos tabulares de yesos. Los estratos de yeso se presentan delimitados con pequeños niveles de potencia centimétrica, de arcillas de tonalidad parda.

- **Espaciado:** espaciamiento entre estratos de medio a fino, comprendidos entre 0,3 y 1,0 m.

- **Continuidad:** continuidad de las litoclasas de alta a muy alta, con una persistencia que puede llegar a los 14 m.

- **Apertura y rugosidad:** la rugosidad de las juntas es suave, con relleno arcilloso y seco.

Observaciones

Se aprecia la deformación de los bancos de yesos, inicialmente horizontales, en un plegamiento atectónico, **falso plegamiento**.

Fotografía cortesía de F. Escolano.

Descripción de la matriz rocosa

La matriz rocosa es de naturaleza yesífera (evaporítica) de textura *fibrosa*; de tonalidad blanquecina, con finas capas de arcillas de tonalidad marrón-verdosa. El color de la raya es blanco. Su tacto es rugoso.

Meteorización

Presenta un grado de alteración IV (ISRM). Roca de meteorizada a muy meteorizada, apareciendo roca sana o ligeramente meteorizada de forma discontinua.

Resistencia

La matriz rocosa es blanda. Se pueden hacer rayas ligeramente profundas con el pico del martillo de geólogo.

Descripción y caracterización de las juntas y discontinuidades

Como discontinuidad singular se aprecia una falla subvertical que atraviesa el macizo yesífero.

Como discontinuidad sistemática se aprecia una estratificación en forma de bancos tabulares. Los estratos de yeso se presentan delimitados con pequeños niveles de potencia centimétrica de arcillas de tonalidad marrón-verdosa.

- **Espaciado:** espaciamiento entre estratos medio, comprendidos entre 0,70 y 1,60 m.

- **Continuidad:** continuidad de las litoclasas de alta a muy alta, con una persistencia que puede llegar a sobrepasar los 20 m.

- **Apertura y rugosidad:** la rugosidad de las juntas es suave con relleno arcilloso y seco.

Observaciones

La roca ha perdido su color debido a la meteorización y superficialmente es más débil que la roca sana.

Presencia de una estratificación en forma de bancos tabulares, con una erosión a pie de talud que favorece la caída de bloques por descalzamiento.

Los estratos de yeso se presentan delimitados con pequeños niveles de potencia centimétrica de arcillas de tonalidad marrón.

Fotografía cortesía de F. Escolano.

Descripción de la matriz rocosa

La matriz rocosa es de naturaleza yesífera (evaporítica) de textura *nodular* en forma de masas redondeadas o arriñonadas, de tamaño de milimétrico a centimétrico, muy compactas, en una matriz arcillosa de tonalidad que va desde el gris oscuro a negro. El color de la raya es blanco. Su tacto es rugoso.

Meteorización

Presenta un grado de alteración IV (ISRM). Roca meteorizada a muy meteorizada, apareciendo roca sana o ligeramente meteorizada de forma discontinua.

Resistencia

La matriz rocosa es blanda. Se pueden hacer rayas ligeramente profundas con el pico del martillo de geólogo.

Descripción y caracterización de las juntas y discontinuidades

Como discontinuidad singular se aprecia una falla normal subvertical que atraviesa el macizo yesífero.

Como discontinuidad sistemática, se aprecia una estratificación en forma de bancos tabulares gruesos, algo deformados en la base del plano de falla.

Los estratos de yeso se presentan delimitados con pequeños niveles de potencia centimétrica de arcillas de tonalidad verde-grisáceo.

- **Espaciado:** espaciamiento entre estratos medio, comprendidos entre 0,30 y 0,70 m.

- **Continuidad:** continuidad de las litoclasas muy alta, con una persistencia que puede llegar a sobrepasar los 20 m.

- **Apertura y rugosidad:** la rugosidad de las juntas es suave con relleno arcilloso y seco.

Observaciones

Presencia de una estratificación en forma de bancos, groseramente tabulares, con una erosión a pie de talud por la presencia de regueros en los depósitos arcillosos.

Frecuentemente los nódulos yesíferos llegan a coalescer, dando lugar a estratos de cierta continuidad lateral.

Los estratos de yeso se presentan delimitados con pequeños niveles de potencia, que va de centimétrica a decimétrica, de arcillas de tonalidad verde-grisáceo.

GLOSARIO

Acicular: referente a cristales de hábito alargado.

Ácida: correspondiente a rocas ígneas en cuya composición química, el óxido de silicio (SiO_2), supera el 65% en peso con respecto al peso total de la roca. Son rocas ricas en cristales de cuarzo y pobres en Fe, Mg y Ca.

Afanítico: procede del término *"aphnes"*, que significa *"oculto"*, y es aplicable a las rocas ígneas cuyos cristales no son observables a simple vista.

Afloramiento: parte de un macizo rocoso que es visible en la superficie del terreno por causas naturales (*erosión*), o artificiales (*excavación*).

Agregado: conjunto de cristales pertenecientes a una o a varias especies minerales.

Amorfo: no cristalino, sin estructura definida.

Ambiente genético: condiciones energéticas y tensionales imperantes en el proceso de formación de una roca.

Arcilla: material detrítico plástico, presenta un tamaño de grano de tamaño inferior a 2 micras.

Arena: fragmentos de rocas sueltas compuestas principalmente por granos de cuarzo de tamaño inferior a 2 mm.

Bandeado: propiedad de las rocas que presenta capas alineadas en bandas, de estructura bandeada de pequeño espesor.

Básico: correspondiente a rocas ígneas en cuya composición química el óxido de silicio (SiO2) es escaso. Ausencia de cristales de cuarzo y rica en Fe, Mg y Ca.

Batolito: vocablo que procede del latín *"bathus"* que significa *"profundo"* y *"lithos"* que significa *"piedra"*. Son macizos rocosos ígneos conformados por rocas plutónicas.

Bioclasto: término aplicable a rocas sedimentarias conformadas fundamentalmente por fragmentos de fósiles que han sufrido o no transporte.

Blasto: mineral desarrollado en ambiente metamórfico.

Bomba volcánica: bloque de lava de forma fusiforme o subredondeada, de tamaño muy variable que va desde algunos cm^3, hasta m^3, arrojados durante las erupciones volcánicas desde los cráteres.

Brecha: vocablo que procede del término alemán *"brechen"* que significa *"romper"*. Se aplica a rocas conformadas por más de un 50 % de fragmentos angulosos o subangulosos unidos por una matriz o cemento.

Calcoalcalino: término aplicable a rocas de origen magmático que contienen porcentajes semejantes de Na, Ca y K.

Carbonatadas: rocas de origen sedimentario y génesis química por precipitación del carbonato cálcico que existe en disolución en aguas continentales y marinas.

Cemento: vocablo que procede del término latino *"caementum"*. Es un precipitado químico que mantiene unidos la matriz y los clastos determinando la formación de las rocas sedimentarias.

Clastos: conjunto de partículas del suelo disgregadas de una roca origen y posteriormente depositadas.

Color de la roca fresca: color que muestran las rocas cuando se fracturan. También denominado *color verdadero*, ya que las áreas no expuestas a meteorización se hallan protegidas de los agentes atmosféricos y por ello, el color permanece inalterado.

Color de la roca meteorizada: color que muestran las rocas en el afloramiento. También denominado *color de alteración*, pues las áreas externas de las rocas se hallan expuestas a la meteorización; en consecuencia, el color original ha sido transformado.

Componentes: minerales que componen una roca. Los componentes esenciales son aquellos minerales que se encuentran de forma mayoritaria.

Concoidea: que se produce a lo largo de superficies curvadas, dando bordes cortantes.

Concreciones: agregados de minerales crecidos sobre una misma superficie.

Detrítico: término que hace referencia a los sedimentos constituidos por partículas y fragmentos de rocas, que han sufrido un transporte y sedimentación en función del tamaño de la partícula y la energía del medio.

Diaclasa: término que procede del vocablo griego *"dia"*, que significa *"a través"*, y *"klasis"*, que significa *ruptura*. Fractura de rocas sin desplazamiento relativo de las partes separadas.

Dique: intrusión de magma a través de rocas preexistentes, en forma alargada, de espesores muy variables, desde algunas decenas a centenares de metros, que atraviesa las estructuras de la roca encajante.

Discontinuidades: son planos de debilidad que presenta un macizo rocoso como respuesta al estado tensional imperante en su entorno físico.

Disolución: propiedad de algunas rocas, fundamentalmente las carbonatadas y evaporíticas, de disolverse en contacto con el agua.

Domo: estructura ígnea en forma de cúpula o seta.

Efusiva: que alcanza la superficie y se extiende en estado fundido.

Endógeno: cuando se hace referencia a un ambiente en profundidad sin estar en contacto con la atmósfera.

Esquistosidad: característica propia de las rocas de origen metamórfico, debida a la disposición de los minerales en láminas, siguiendo una determinada dirección.

Estratificación: superficie de discontinuidad que delimitan capas de rocas de origen sedimentario.

Estrato: capa de origen sedimentario limitada por dos planos que lo individualizan dentro de una serie estratigráfica.

Estructura petrológica: conjunto de las características de una roca a escala geológica y describe, fundamentalmente, los aspectos derivados de las deformaciones sufridas por la corteza terrestre y por la meteorización.

Evaporítas: rocas de origen sedimentario y génesis química por precipitación de soluciones salinas. La precipitación de estas sales es el resultado de la concentración, por intensa evaporación, generalmente en las marismas poco o nada comunicadas con el mar.

Exfoliación: posibilidad de división de los minerales, según planos característicos correspondientes a las direcciones de mínima cohesión.

Exógeno: cuando se hace referencia a un ambiente en superficie y en contacto con la atmósfera. La principal característica es la presencia de agua.

Facies: conjunto de rocas formadas bajo las mismas condiciones energéticas y en el mismo lapso de tiempo.

Facolito: vocablo que procede del latín "*fhaco*" que significa "*lente*" y "*lithos*" que significa "*piedra*". Son masas rocosas ígneas, conformadas por rocas plutónicas que se introducen concordantemente entre capas sedimentarias.

Falla: fractura de la roca con desplazamiento a lo largo de la zona de rotura como respuesta a un esfuerzo.

Fanerítico: término que procede del vocablo griego "*phaneros*", que significa "*visible*". Se aplica a las rocas, sobre todo a las rocas magmáticas cuyos cristales son visibles a simple vista.

Fenocristal: cristal ígneo de dimensiones superiores a los restantes componentes de la roca y que destaca sobre el resto.

Filón: relleno de una grieta de una roca más antigua por un mineral más reciente.

Fisilidad: propiedad de algunas rocas en disgregarse en láminas delgadas a lo largo de planos subparalelos.

Foliación: textura visible en ciertas rocas metamórficas en que la esquistosidad se suma a una diferenciación petrográfica, formando hojas.

Fractura: rotura según superficies irregulares.

Granoblástico: término que procede del vocablo latino "*granum*" que significa "*grano*" y del término griego "*blastos*", que significa "*brotar*". Se aplica a la estructura de las rocas metamórficas en la que los granos (blastos) son aproximadamente equidimensionales.

Hialino: transparente como el cristal.

Ígneo: término que procede del latín "*ignis*" que significa "*fuego*". Es aplicable a las rocas y/o minerales que se ha solidificado a partir de una masa fundida.

Intrusivo: término que procede del vocablo latino *"intrudere"*, que significa *"penetrar a la fuerza"*. Se aplica a rocas magmáticas emplazadas en estado fluido bajo la superficie y a los macizos que constituyen, así como a los diapiros de rocas salinas.

Kárstico: procede del término yugoslavo *"karst"*. Hace referencia a un proceso dinámico por el cual las rocas carbonatadas y evaporíticas se disuelven por acción del ácido carbónico, H_2CO_3, disuelto en agua en circulación, generando una red de conductos, cavidades o cuevas en el macizo rocoso.

Lacolito: vocablo que procede del latín *"lacunosus"* que significa *"con lagunas"* y *"lithos"* que significa *"piedra"*. Son masas rocosas ígneas lenticulares, conformadas por rocas plutónicas que se introducen entre capas sedimentarias.

Laminación: proceso por el cual las rocas sedimentarias de grano fino, limos y arcillas, pueden llegar a formar capas de estratificación muy finas, en forma de láminas, por acción de la presión.

Lava: roca fundida que llega a la superficie terrestre a altas temperaturas (T = 700°C-1.200 °C). Al enfriarse forman las rocas volcánicas o eruptivas.

Limo: material detrítico de tamaño comprendido entre 0,080 mm y 2 micras, carentes de plasticidad.

Lopolito: vocablo que procede del griego *"lopo"* que significa *"película o capa"* y *"lithos"* que significa *"piedra"*. Son masas rocosas ígneas tabulares lenticulares, conformadas por rocas plutónicas que se introducen entre capas sedimentarias.

Lutita: roca formada por clastos de tamaño limo y arcilla.

Macizo rocoso: se define como el conjunto constituido por una o varias matrices rocosas que presentan una determinada estructura, está afectado por un cierto grado de alteración y por una serie de discontinuidades.

Magma: masa rocosa fundida en el interior de la tierra. Cuando se enfría in situ forman las rocas magmáticas o plutónicas.

Marga: roca sedimentaria intermedia, de composición mixta, con proporciones similares de naturaleza detrítica y de naturaleza química, carbonatada o evaporítica.

Matriz: material granulométricamente más fino, como limos y arcillas, que se encuentran situados entre los clastos rellenando los intersticios.

Matriz rocosa: rocas que presenta los mismos caracteres de conjunto en un área de cierta extensión de la corteza terrestre.

Metamorfismo: proceso por el cual las rocas modifican su textura, estructura y composición mineralógica, por cambios de presión y temperatura.

Meteorización: todo proceso destructivo por el cual las rocas cambian de estructura y composición. Específicamente es la desintegración física y la descomposición química de una roca que produce material detrítico in situ para ser transportado.

Neutra: correspondiente a rocas ígneas en cuya composición química, el óxido de silicio (SiO_2), se encuentra ente el 65% y el 52% en peso con respecto al peso total de la roca.

Oolito: grano esférico o subesférico, de diámetro inferior a 2 mm; conformado por un núcleo mineral revestido por sucesivas capas dispuestas concéntricamente.

Orientación: hace referencia a la disposición de los minerales para ser estables ante las condiciones de presión y temperatura existentes en el momento de su formación.

Oxidación: proceso químico generado por la adición de oxígeno a un compuesto.

Petrografía: es la parte de Petrología que se ocupa de la descripción de las rocas y de la elaboración de las clasificaciones de las mismas.

Petrología: es la rama de las Ciencias Geológicas que estudia las rocas en su concepto más amplio, desde su origen, composición, propiedades físicoquímicas, transformaciones, etc., que las han llevado a adquirir su aspecto actual.

Pisolito: grano esférico o subesférico de diámetro superior a 2 mm; conformado por un núcleo mineral revestido por sucesivas capas dispuestas concéntricamente.

Plástica: son aquellas rocas que se deforman ante un esfuerzo, manteniendo la deformación una vez cesado el esfuerzo.

Plutón: relativo a Plutón, que era el dios de los infiernos. Es aplicable a masas extensas de rocas ígneas o eruptivas consolidadas a partir de un magma, o formadas por un reemplazamiento metasomático.
Poros: malla que mantiene interconectados o no los espacios vacíos.

Relleno: material existente entre las discontinuidades, de naturaleza predominantemente arcillosa y que puede aparecer seco, húmedo o con agua.

Roca: se define como un agregado de más de una especie mineral, agrupada bajo las mismas condiciones físicas, químicas o biológicas.

Rudita: término que procede del vocablo latino *"rudus"* que significa *"escombro"*. Se refiere a las rocas sedimentarias detríticas cuyos elementos tienen, en su mayoría, un diámetro superior a 2 mm.

Sacaroideo: asociación de gránulos de minerales, equidimensionales y visibles a simple vista, cuyo aspecto recuerda al del azúcar.

Sedimentarias: son aquellas rocas que se han formadas a partir de rocas preexistentes por procesos de alteración, disgregación, transporte y sedimentación, o precipitación química.

Sedimento: material que se deposita cuando cesa el medio de transporte.

Siálico: elevado contenido en sílice y aluminio.

Silíceas: rocas de origen sedimentario y génesis físico-química por precipitación de la sílice a partir de disoluciones más o menos concentradas.

Tabular: estructura que presentan algunos macizos rocosos en forma de bloques con superficies planas.

Textura: conjunto de las características derivadas de las dimensiones de los componentes que conforman la roca, de su morfología y del modo en que se interrelacionan entre sí.

Ultrabásico: se aplica a las rocas magmáticas que contienen menos del 45% en peso de SiO_2, de ahí la ausencia de cristales de cuarzo, y son muy ricas en Mg, Fe y Ca (40% o más).

Ultramáfico: se aplica a las rocas magmáticas que contienen menos del 45% en peso de SiO_2, de allí la ausencia de cristales de cuarzo, pero son muy ricas en Mg, Fe y Ca (40% o más).

Vesicular: se aplica a la textura de rocas efusivas que presentan numerosas burbujas (de uno a varios mm) producidas por la desgasificación de la lava.

Vítreo: término que procede del vocablo latino *"vitrum"*. Cuando un magma se enfría tan rápidamente que sus componentes no llegan a cristalizar por completo, dando lugar a la formación de una masa no cristalina.

Yacimiento: lugar donde un macizo rocoso es susceptible de ser explotado.

BIBLIOGRAFÍA

ADAMS, A. E.; MACKENZIE, W.S. y GUILFORD, C. (1984). *Atlas of Sedimentary Rocks Under the Microscope*. Longman Scientific & Technical. 104 pp.

AGUEDA, J. *et al.* (1983). *Geología*. Ed. Rueda. Madrid. 528 pp.

AUBOUIN, J.; BROUSSE, R. y LEHMAN, J.P. (1981). *Tratado de Geología*. Tomo I. Petrtología. Ed. Omega. Barcelona. 602 pp.

BIENIAWSKI, Z.T. (1989). *Engineering Rock Mass Classifications*. New York. John Wiley & Sons. 251 pp.

BERRY, L.G.; MASON, B. (1966). *Mineralogía*. Ed. Aguilar. Madrid. 690 pp.

BOWES, D.R. (1989). *The Encyclopedia of Igneus and Metamorfic Petroloy*. Editor: Van Nostrand Reinhold. 666 pp.

CORNELIUS, S.; HURLBUT, JR. (1998). *Manual de Mineralogía de Dana*. Harvard University. 564 pp.

CORRALES, I. *et al.* (1977). *Estratigrafía*. Ed. Rueda. Madrid. 718 pp.

DÁVILA BURGA, J. (2011). *Diccionario Geológico*. Ingemmet. Arth Grouting S.A.C. Lima. 901 pp.

ISRM (1980). *Basic Geotechnical Description of Rock Masses*. Int. J. Rock Mech. Min. Sci. & Geomech. Abstr. Vol.18, pp 85-110.

ISRM (1981). *Rock Characterization, Testing and Monitoring*. Pergamon Press.

INSTITUTO TECNOLÓGICO GEOMINERO DE ESPAÑA (1999). *Manual de Campo para la Descripción y Caracterización de Macizos Rocosos en Afloramientos*. ITGE. Editores: Ferrer, M. y González de Vallejo, L.I. Madrid. 83 pp + 41 pp Apéndice 1.

LAMA, R.D. y VUTUKURI, V.S. (1974-1978). *Handbook on Mechanical Properties of Rocks: testing tecniques and results. Clausthal Trans Tech Publications*. 515 pp.

LÓPEZ MARINAS, J.M. (2000). *Geología Aplicada a la Ingeniería Civil*. Cie Dossat 2000. Madrid. 564 pp.

LÓPEZ MARINAS, J.M. y PERRON BERNALDO DE QUIRÓS, M. (2000). *Glosario y Vocabulario de términos habituales en Geología Aplicada a la Ingeniería Civil. Español, Inglés y Frances*. Cie Dossat 2000. Madrid. 236 pp.

MINGARRO MARTÍN, F. y ORDOÑEZ DELGADO S. (1982). *Petrología Exógena. Hipergénesis y Sedimentogénesis Aloctona*. Ed. Rueda. Madrid. 387 pp.

NORBURY, D. (2010). *Soil and Rock Description in Engineering Practice*. Whittles Publishing. 288 pp.

PETTIJOHN, F.J. (1980). *Rocas sedimentarias*. Eubeba. Buenos Aires. 731 pp.

UNE-EN ISO 14689-1:2005. *Investigación y Ensayos geotécnicos. Identificación y Clasificación de Rocas. Parte 1: Identificación y Descripción* (ISO 14689-1:2003).

ÍNDICE ANALÍTICO

En **negrita** se halla el número de la ficha y en *cursiva* el número de página correspondiente donde se localiza.

ÍNDICE ANALÍTICO DE AFLORAMIENTOS

En **negrita** se halla el número de la ficha y en *cursiva* el número de página correspondiente donde se localiza.